2019年河南省生态环境质量报告

ECOLOGICAL ENVIRONMENT QUALITY REPORT IN HENAN PROVINCE

河南省生态环境厅 ⊙ 编

中国环境出版集团·北京

图书在版编目（CIP）数据

2019 年河南省生态环境质量报告/河南省生态环境厅编.
—北京：中国环境出版集团，2021.12
ISBN 978-7-5111-4931-2

Ⅰ. ①2… Ⅱ. ①河… Ⅲ. ①区域生态环境—环境质量评价—研究报告—河南—2019 Ⅳ. ①X321.261

中国版本图书馆 CIP 数据核字（2021）第 209427 号

出 版 人 武德凯
责任编辑 孟亚莉
责任校对 任 丽
封面设计 岳 帅

出版发行 中国环境出版集团
（100062 北京市东城区广渠门内大街 16 号）
网 址：http://www.cesp.com.cn
电子邮箱：bjgl@cesp.com.cn
联系电话：010-67112765（编辑管理部）
010-67112735（第一分社）
发行热线：010-67125803，010-67113405（传真）
印 刷 北京中科印刷有限公司
经 销 各地新华书店
版 次 2021 年 12 月第 1 版
印 次 2021 年 12 月第 1 次印刷
开 本 787×1092 1/16
印 张 10
字 数 190 千字
定 价 60.00 元

《2019 年河南省生态环境质量报告》

编 委 会

丁志安（河南省安阳生态环境监测中心）

孙国强（河南省鹤壁生态环境监测中心）

俞　宁（河南省新乡生态环境监测中心）

廉　洁（河南省焦作生态环境监测中心）

王　冰（河南省濮阳生态环境监测中心）

曹润泽（河南省许昌生态环境监测中心）

何江华（河南省漯河生态环境监测中心）

王　琳（河南省三门峡生态环境监测中心）

张少倩（河南省南阳生态环境监测中心）

任　莹（河南省商丘生态环境监测中心）

尚　东（河南省信阳生态环境监测中心）

贺明学（河南省周口生态环境监测中心）

董　燕（河南省驻马店生态环境监测中心）

李利霞（河南省济源生态环境监测中心）

许高双（河南省南水北调中线渠首生态环境监测中心）

主 编 单 位　河南省生态环境监测中心

参加编写单位　河南省辐射环境安全技术中心

资料提供单位　河南省各驻市生态环境监测中心

前言

《2019年河南省生态环境质量报告》以河南省环境监测数据为基础，对2019年全省生态环境质量进行全面梳理与分析，总结了总体情况和主要生态环境质量问题，并提出对策建议。

本报告中生态环境质量监测数据来源于国家监测网和省级监测网，河南省环境质量监测网包括：18个省辖市共75个国控、3个省控城市环境空气质量监测点位；67条河流、24座大（中）型湖库上共169个地表水水质评价监控断面；157个地下水监测井位；46个饮用水水源地监测点位；50个降雨监测点位；3 650个建成区环境噪声监测点位，城市道路交通噪声监测路段总长度约为1 515.3 km，85个城市功能区噪声监测点位；多个辐射监测点位。

目录

第一篇

监测概况和评价方法

1.1　城市环境空气

1.1.1　点位布设

河南省 18 个省辖市共设置 78 个城市环境空气自动监测点位，50 个大气降水监测点位。

1.1.2　评价标准

SO_2、NO_2、PM_{10}、$PM_{2.5}$、CO、O_3 评价标准采用《环境空气质量标准》(GB 3095—2012)。降水酸度以 pH<5.6 作为判断酸雨的依据。

1.1.3　评价方法

1.1.3.1　单项因子评价

按照《环境空气质量标准》(GB 3095—2012)、《环境空气质量评价技术规范（试行）》（HJ 663—2013）对参与评价的因子进行类别评价。

1.1.3.2　定性评价

采用环境空气综合质量指数（I）法和二级标准达标情况评价法进行定性评价。

1.1.3.3　级别评价

采用最大单因子级别法进行级别评价。

1.2　地表水

1.2.1　点位布设

全省 67 条主要河流上共设置 141 个监控断面。其中，淮河流域的 29 条河流设置 60 个监控断面；海河流域的 10 条河流设置 20 个监控断面；黄河流域的 20 条河流设置 41 个监控断面；长江流域的 8 条河流设置 20 个监控断面。24 座大、中型湖库上共设置了 28 个监测点位。

1.2.2　评价标准

《地表水环境质量标准》（GB 3838—2002）。

1.2.3 评价方法

《地表水环境质量评价办法（试行）》（环办〔2011〕22号）。

1.2.3.1 单项因子评价

按照《地表水环境质量标准》（GB 3838—2002）对参与评价的因子进行类别评价。

1.2.3.2 综合评价

用断面浓度均值或断面水质类别比例进行河流、流域水质定性评价。

用湖泊（水库）综合营养状态指数法进行富营养化状况评价。

1.2.3.3 对比分析

用水质等级变化、综合污染指数对比年际、河流间的污染程度。

用浓度变化限值法对比污染物的污染程度。

1.2.4 评价因子

水质评价因子为《地表水环境质量标准》（GB 3838—2002）表1中除水温、总氮、粪大肠菌群以外的21项，即pH、溶解氧、高锰酸盐指数、五日生化需氧量、氨氮、石油类、挥发酚、汞、铅、化学需氧量、总磷、铜、锌、氟化物、硒、砷、镉、铬（六价）、氰化物、阴离子表面活性剂、硫化物。总氮作为参考指标单独评价（河流总氮除外）。

营养状态评价因子为叶绿素a、总磷、总氮、透明度和高锰酸盐指数5项。

1.3 城市地下水

1.3.1 点位布设

全省城市共设置157个地下水监测井位，由于部分监测井位已封井，采集不到样品，因此实际监测井位为110个。

1.3.2 评价标准

《地下水质量标准》（GB/T 14848—2017）。

1.3.3 评价方法

1.3.3.1 单项因子评价

统计评价区域内参与评价因子各水质类别井位数占总监测井位数的百分比。

1.3.3.2 综合评价

（1）按井位评价：用 *F* 值法评价单个井位的水质级别，统计评价区域内各级别井位数占总监测井位数的百分比。

（2）城市综合定性评价：用 *F* 值法评价城市区域地下水质量级别，再将细菌学因子评价类别标注在级别定名之后。

1.3.3.3 对比分析

采用 *F* 值对年际、城市间污染程度的变化进行比较和排序。

1.3.4 评价因子

评价因子选取 pH、溶解性总固体、氯化物、硫酸盐、氨氮、硝酸盐（以 N 计）、亚硝酸盐（以 N 计）、氰化物、氟化物、总硬度（以 $CaCO_3$ 计）、砷、铁、锰、铅、镉、汞、铬（六价）、耗氧量、挥发酚类（以苯酚计）、总大肠菌群共 20 项。

细菌学因子不参与评价分值（*F*）的计算。

1.4 城市饮用水水源地

1.4.1 点位布设

全省 18 个省辖市在用饮用水水源地中共设置 46 个监测点位，其中省辖市地表型饮用水水源地设置 16 个监测点位；地下型饮用水水源地设置 30 个监测点位。

1.4.2 评价标准

城市集中式生活饮用水地表水水源地水质评价采用《地表水环境质量标准》（GB 3838—2002）；地下水水源地水质评价采用《地下水质量标准》（GB/T 14848—2017）。

1.4.3 评价方法

1.4.3.1 单项因子评价

统计评价区域内参与评价因子各水质类别水源地数占总监测点位数的百分比。

1.4.3.2 综合评价

（1）水源地达标评价：按照《地表水环境质量标准》（GB 3838—2002）、《地下水质量标准》（GB/T 14848—2017）对水源地进行水质类别评价，统计达到III类标准限值的水源地占总水源地的比例。

（2）取水水质达标率评价：根据水质达到III类标准限值的饮用水水源地取水量，统计饮用水水源地及城市的平均取水水质达标率。

（3）城市区域水质定性评价：采用内梅罗指数（P）评价饮用水水源地水质。

1.4.3.3 对比分析

（1）采用优良水源地百分比变化，对全省饮用水水源地水质变化趋势进行分析。

（2）采用取水水质达标率变化，对全省饮用水水源地水质变化趋势进行分析。

（3）采用 P 值对年际、城市间水质变化进行分析和排序。

1.4.4 评价因子

达标水源地水质评价因子选择 pH、总硬度（地下水）、硝酸盐（以 N 计）、氨氮、高锰酸盐指数（耗氧量）、氟化物（以 F 计）、砷、汞、镉、铬（六价）、铅、氰化物、挥发酚、石油类（地表水）、粪大肠菌群（总大肠菌群），共 15 项。取水水质达标率评价、定性评价因子在达标水源地评价因子的基础上（pH 不参与定性评价），地表水水源地增加五日生化需氧量、溶解氧、硫化物、铁、硒、阴离子表面活性剂、总磷（以 P 计）、锰、铜、锌、硫酸盐、氯化物 12 项，地下水水源地增加硫酸盐、氯化物、铁、锰、亚硝酸盐（以 N 计）、硒、阴离子合成洗涤剂、铜、锌 9 项。

地表水饮用水水源地特定项目的评价因子选择《地表水环境质量标准》（GB 3838—2002）表 3 中所有项目（80 项）。

1.5 城市声环境

1.5.1 点位布设

全省城市区域环境噪声普查覆盖面积约为 1 020.7 km^2，有效测点数为 3 650 个；城市道路交通噪声监测路段总长度约为 1 515.3 km；18 个省辖市开展城市功能区噪声监测，共设置 85 个监测点。

1.5.2 评价标准

《声环境质量标准》（GB 3096—2008）。

1.5.3 评价方法

1.5.3.1 基本评价量

以等效连续 A 声级（L_{eq}）为基本评价量。

1.5.3.2 定性评价

城市区域环境噪声、道路交通噪声按照《环境噪声监测技术规范 城市声环境常规监测》（HJ 640—2012）的规定进行评价；城市功能区环境噪声按照达标率进行评价。

1.5.3.3 对比分析

采用等效声级变化和优、良等级进行年际、城市间的对比分析。

1.6 生态环境

依据环境保护部颁发的《生态环境状况评价技术规范》（HJ 192—2015）中生物丰度指数、植被覆盖指数、水网密度指数、土地胁迫指数和污染负荷指数的值和权重，计算生态环境状况指数（EI），根据生态环境状况分级标准对生态环境状况进行评价。

1.7 农村环境

1.7.1 评价标准

（1）《环境空气质量标准》（GB 3095—2012）；

（2）《地表水环境质量标准》（GB 3838—2002）；

（3）《地下水质量标准》（GB/T 14848—2017）；

（4）《土壤环境质量 农用地土壤污染风险管控标准（试用）》（GB 15618－2018）；

（5）《生态环境状况评价技术规范》（HJ 192—2015）；

（6）《农村环境质量综合评价技术规定（试行）》（2014）。

1.7.2 评价因子

1.7.2.1 农村环境状况

（1）村庄环境空气

监测 SO_2、NO_2、PM_{10}、$PM_{2.5}$、CO、O_3，共 6 项。

（2）村庄饮用水水源地水质

地表水饮用水水源地监测水温、pH、溶解氧、高锰酸盐指数、五日生化需氧量、氨氮、总磷、总氮、铜、锌、氟化物、硒、砷、汞、镉、铬（六价）、铅、氰化物、挥发酚、石油类、阴离子表面活性剂、硫化物、粪大肠菌群、硫酸盐、氯化物、硝酸盐氮、铁、锰，共 28 项因子。

地下水饮用水水源地监测色、嗅和味、浑浊度、肉眼可见物、pH、总硬度、溶解性总固体、硫酸盐、氯化物、铁、锰、铜、锌、铝、挥发酚、阴离子表面活性剂、耗氧量（COD_{Mn}法，以O_2计）、氨氮、硫化物、钠、总大肠菌群、菌落总数、亚硝酸盐、硝酸盐、氰化物、氟化物、碘化物、汞、砷、硒、镉、铬（六价）、铅、三氯甲烷、四氯化碳、苯、甲苯、总α放射性、总β放射性，共39项因子。

（3）村庄周边土壤

监测pH、阳离子交换量、砷、镉、铬、汞、铅，共7项。

（4）县域地表水水质

监测水温、pH、溶解氧、化学需氧量、高锰酸盐指数、五日生化需氧量、氨氮、总磷、总氮、铜、锌、氟化物、硒、砷、汞、镉、铬（六价）、铅、氰化物、挥发酚、石油类、阴离子表面活性剂、硫化物、粪大肠菌群，共24项。

1.7.2.2 农村生态状况

监测生物丰度指数、植被覆盖指数、水网密度指数、土地胁迫指数、人类干扰指数，共5项。

1.8 辐射环境

全省辐射环境质量监测34个点位，省放射性废物库周围辐射环境监测4个点位，电磁辐射环境质量监测19个点位，省广播电视发射中心监测1个点位。全省辐射环境质量监测点位情况见表1.8-1。

表1.8-1 各监测点位情况统计

监测对象	监测项目	监测频次
空气	γ辐射空气吸收剂量率和累积剂量	1次/季度
	γ辐射空气吸收剂量率（自动站）	连续
	气溶胶γ核素	1次/月
	沉降物	1次/季度
	气碘	1次/月
	室外氡	1次/季度
地表水	U、Th、^{226}Ra、总α、总β、^{90}Sr、^{137}Cs	1次/半年（枯水期、平水期各一次）
饮用水	总α、总β	1次/半年
土壤	γ核素	1次/年
自动站	国控自动站	—
	省控自动站γ辐射空气吸收剂量率	连续
	综合场强、工频（自动站）	1次/年

第二篇

生态环境质量状况

2.1 城市环境空气质量

2.1.1 现状评价

2.1.1.1 单项因子评价

（1）细颗粒物（$PM_{2.5}$）

2019 年，18 个省辖市城市点位 $PM_{2.5}$ 日均浓度值范围为 3～524 μg/m^3。全省城市日均浓度值平均二级标准达标率为 75.1%，18 个省辖市日均浓度值二级标准达标率均低于 100%，为 70.1%～80.4%（图 2.1-1）。

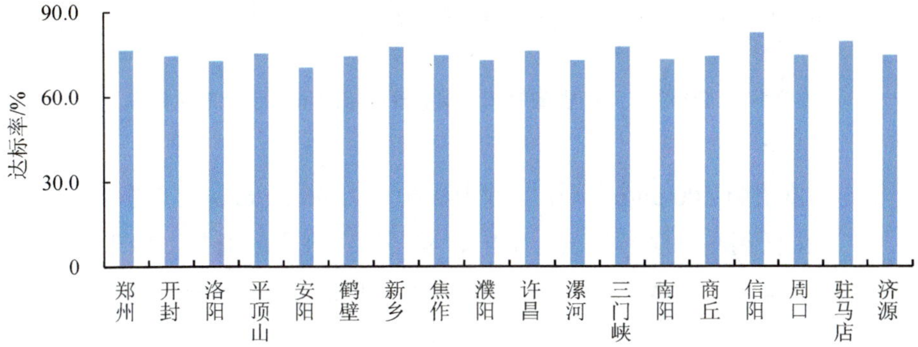

图 2.1-1　2019 年河南省省辖市 $PM_{2.5}$ 日均浓度值二级标准达标率

全省 $PM_{2.5}$ 年均浓度值为 59 μg/m^3（剔除沙尘影响后仍为 59 μg/m^3）。年均浓度值超二级标准的城市（浓度由低到高排序）依次为信阳、驻马店、新乡、三门峡、商丘、周口、郑州、平顶山、许昌、漯河、南阳、开封、鹤壁、洛阳、焦作、濮阳、济源、安阳（图 2.1-2）。

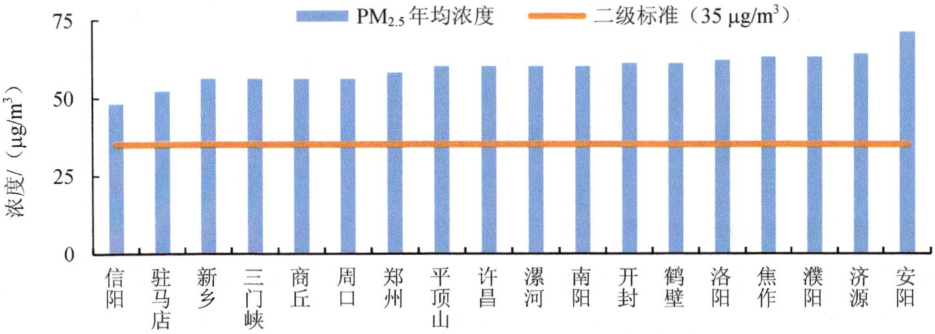

图 2.1-2　2019 年河南省省辖市 $PM_{2.5}$ 年均浓度

（2）可吸入颗粒物（PM_{10}）

2019年，18个省辖市城市点位PM_{10}日均浓度值范围为5～506 μg/m³。全省城市日均浓度值平均二级标准达标率为83.3%，18个省辖市日均浓度值二级标准达标率均低于100%，为75.4%～92.5%（图2.1-3）。

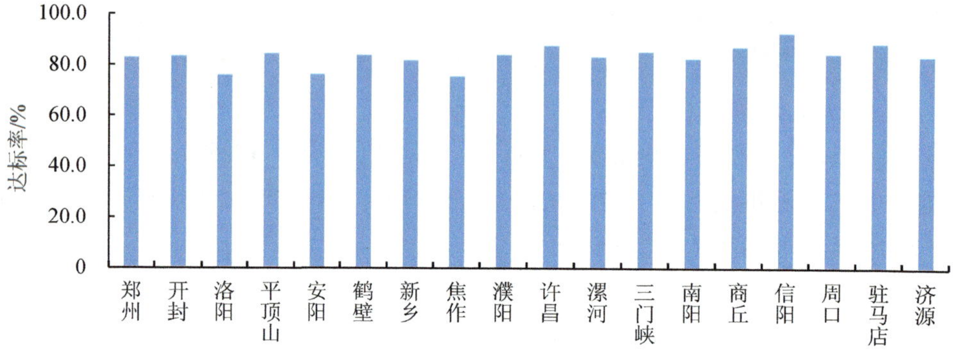

图2.1-3 2019年河南省省辖市PM_{10}日均浓度值二级标准达标率

PM_{10}年均浓度值为100 μg/m³（剔除沙尘影响后为96 μg/m³）。年均浓度值超二级标准的城市（浓度由低到高排序）依次为信阳、驻马店、许昌、商丘、南阳、平顶山、三门峡、周口、漯河、鹤壁、济源、濮阳、开封、新乡、郑州、洛阳、焦作、安阳（图2.1-4）。

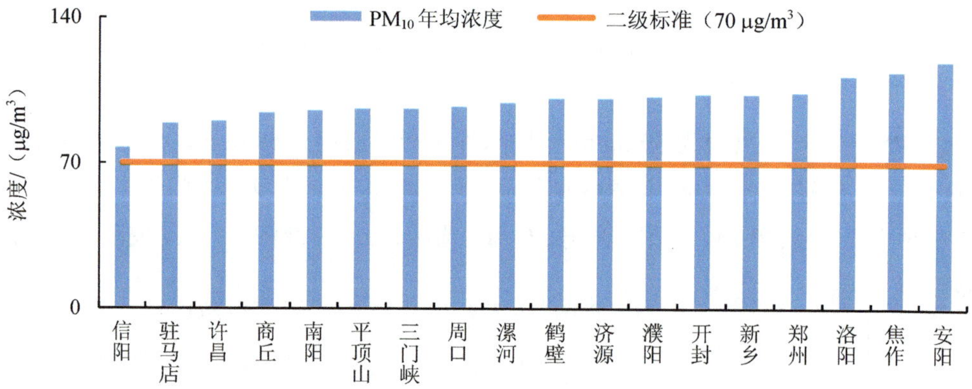

图2.1-4 2019年河南省省辖市PM_{10}年均浓度

（3）二氧化硫（SO_2）

2019年，18个省辖市城市点位SO_2日均浓度值范围为1～68 μg/m³。全省城市日均浓度值平均二级标准达标率为100%，18个城市日均浓度值二级标准达标率均为100%（图2.1-5）。

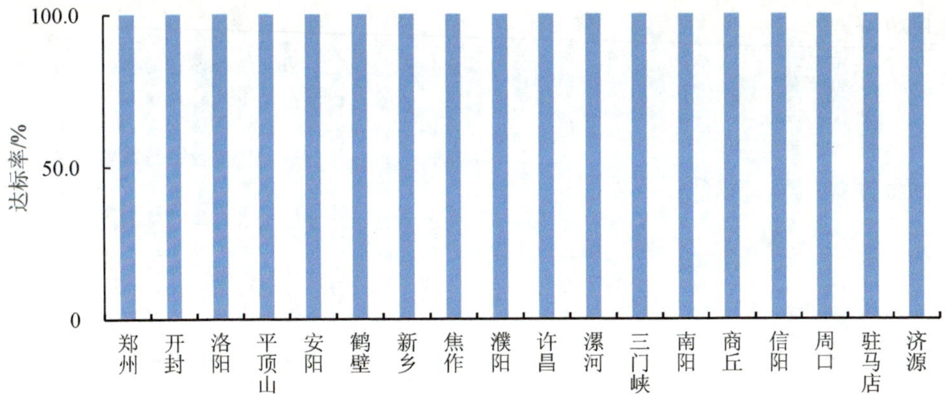

图 2.1-5　2019 年河南省省辖市 SO_2 日均浓度值二级标准达标率

SO_2 年均浓度值为 11 μg/m³。年均浓度值达到一级标准的城市（浓度由低到高排序）依次为信阳、南阳、驻马店、郑州、三门峡、开封、洛阳、漯河、商丘、周口、濮阳、许昌、鹤壁、焦作、平顶山、安阳、新乡、济源（图 2.1-6）。

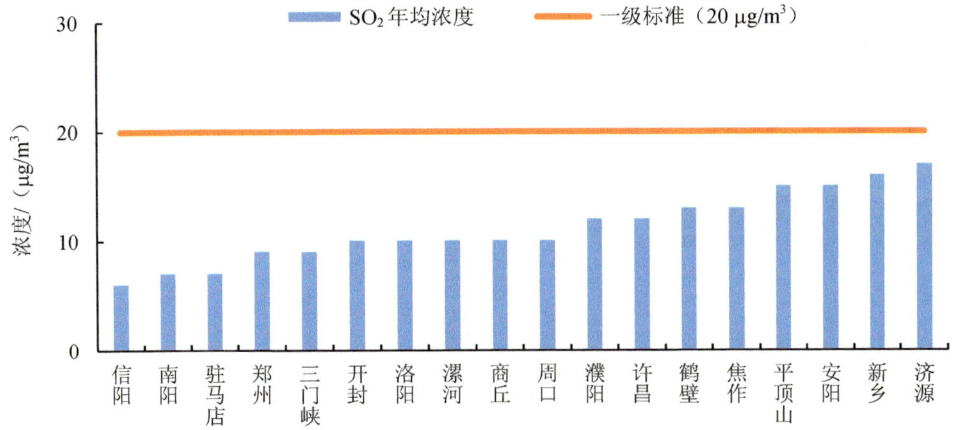

图 2.1-6　2019 年河南省省辖市 SO_2 年均浓度

（4）二氧化氮（NO_2）

2019 年，18 个省辖市城市点位 NO_2 日均浓度值范围为 3～128 μg/m³。全省城市日均浓度值平均二级标准达标率为 98.9%，漯河市日均浓度值二级标准达标率为 100%，其他城市为 96.2%～99.9%（图 2.1-7）。

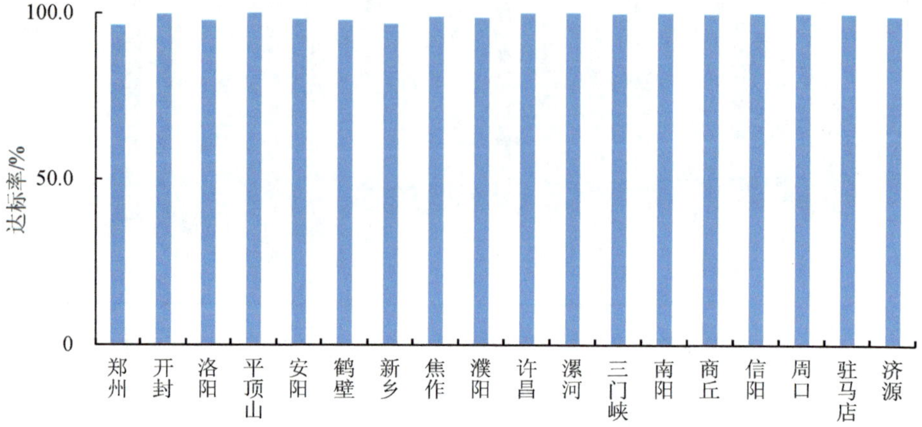

图 2.1-7　2019 年河南省省辖市 NO_2 日均浓度值二级标准达标率

NO_2 年均浓度值为 34 μg/m³。年均浓度值达到二级标准的城市（浓度由低到高排序）依次为信阳、周口、驻马店、漯河、南阳、商丘、开封、三门峡、平顶山、濮阳、许昌、济源、焦作、鹤壁、安阳、洛阳 16 市，超二级标准的城市依次为新乡、郑州 2 市（图 2.1-8）。

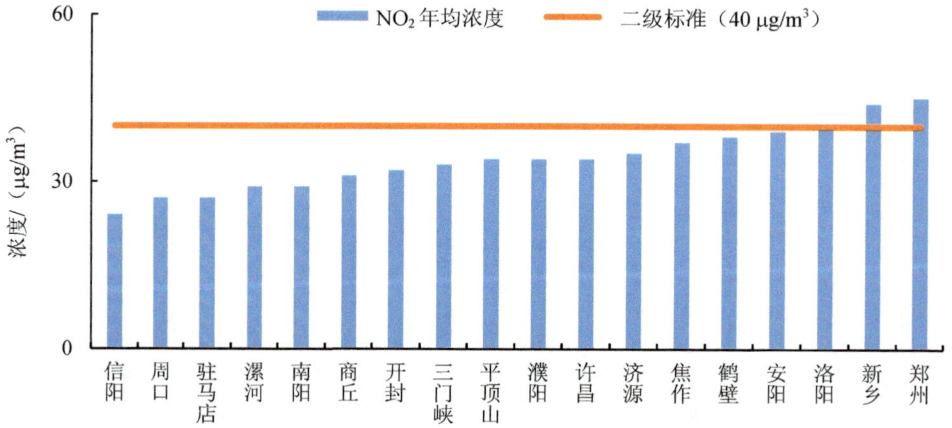

图 2.1-8　2019 年河南省省辖市 NO_2 年均浓度

（5）一氧化碳（CO）

2019 年，18 个省辖市城市点位 CO 日均浓度值范围为 0.1～5.6 mg/m³。全省城市日均浓度值平均二级标准达标率为 99.9%，安阳和焦作两市日均浓度值二级标准达标率分别为 99.7%和 99.8%，其他城市均为 100%（图 2.1-9）。

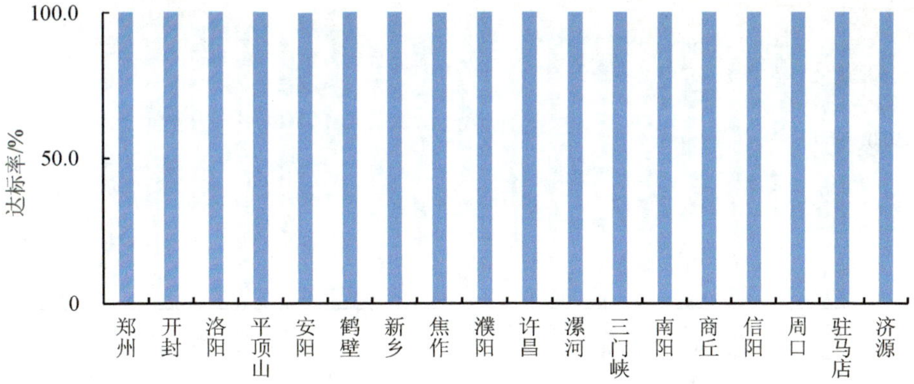

图 2.1-9 2019 年河南省省辖市 CO 日均浓度值二级标准达标率

CO 日均值第 95 百分位数浓度值达到二级标准的城市（浓度由低到高排序）依次为漯河、信阳、驻马店、商丘、周口、洛阳、郑州、开封、平顶山、许昌、南阳、三门峡、濮阳、鹤壁、新乡、焦作、济源、安阳（图 2.1-10）。

图 2.1-10 2019 年河南省省辖市 CO 日均值第 95 百分位数浓度

（6）臭氧（O_3）

2019 年，18 个省辖市城市点位 O_3 日最大 8 h 滑动平均值浓度范围为 2～281 μg/m^3。全省 O_3 日最大 8 h 滑动平均值浓度二级标准平均达标率为 80.6%，18 个省辖市城市 O_3 日最大 8 h 滑动平均值浓度二级标准达标率均低于 100%，为 73.3%～97.9%（图 2.1-11）。

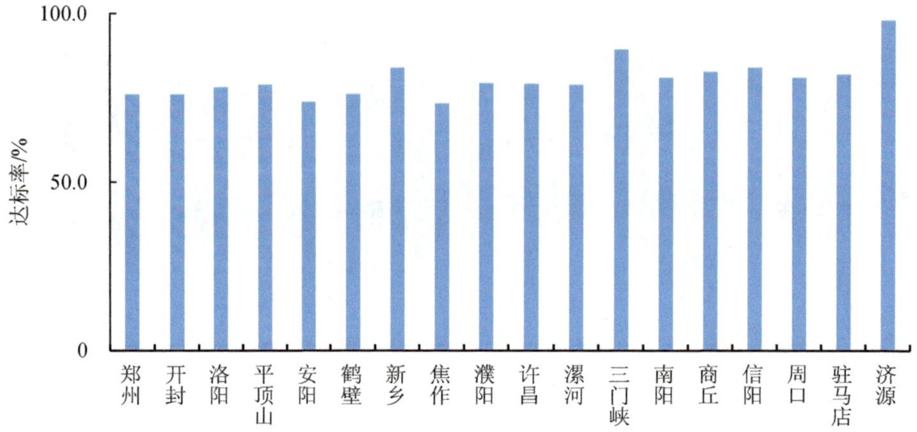

图 2.1-11 2019 年河南省省辖市 O_3 日最大 8 h 滑动平均值二级标准达标率

O_3 日最大 8 h 滑动平均值第 90 百分位数浓度值超二级标准的城市（浓度由低到高排序）依次为三门峡、商丘、信阳、周口、驻马店、许昌、漯河、南阳、平顶山、新乡、濮阳、洛阳、开封、郑州、济源、鹤壁、焦作、安阳（图 2.1-12）。

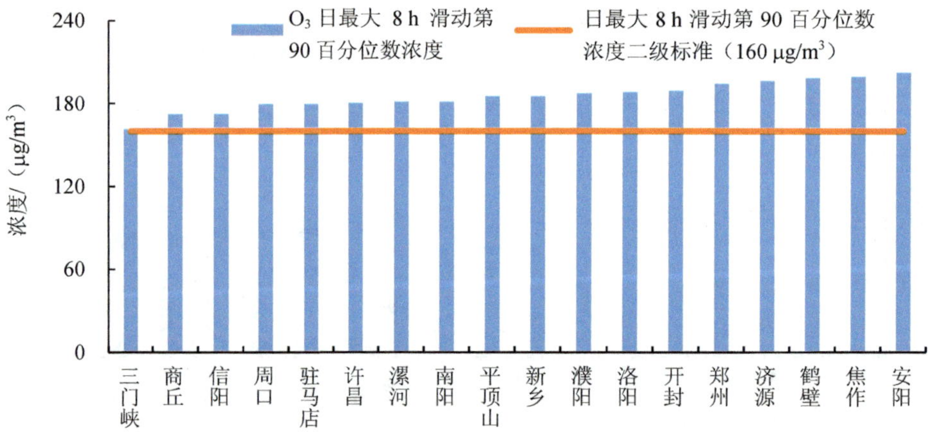

图 2.1-12 2019 年河南省省辖市 O_3 日最大 8h 滑动平均值第 90 百分位数浓度

2.1.1.2 综合评价

（1）定性评价

2019 年，信阳市环境空气质量级别为良，驻马店、周口、商丘、三门峡、漯河、南阳、许昌、平顶山、开封、濮阳、郑州、鹤壁、洛阳、新乡、济源、焦作、安阳 17 市环境空气质量级别为轻污染（图 2.1-13）。

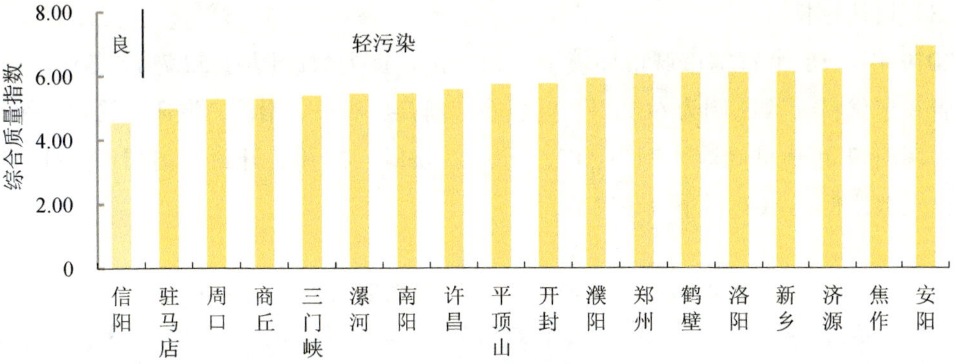

图 2.1-13 2019 年省辖市城市环境空气质量

（2）级别评价

2019 年，18 个省辖市环境空气质量类别均为超二级（表 2.1-1）。

表 2.1-1 2019 年省辖市城市环境空气质量类别评价

城市名称	$PM_{2.5}$	PM_{10}	SO_2	NO_2	CO-95	O_3-H8-90	类别
郑州	超二级	超二级	一级	超二级	二级	超二级	超二级
开封	超二级	超二级	一级	二级	二级	超二级	超二级
洛阳	超二级	超二级	一级	二级	二级	超二级	超二级
平顶山	超二级	超二级	一级	二级	二级	超二级	超二级
安阳	超二级	超二级	一级	二级	二级	超二级	超二级
鹤壁	超二级	超二级	一级	二级	二级	超二级	超二级
新乡	超二级	超二级	一级	超二级	二级	超二级	超二级
焦作	超二级	超二级	一级	二级	二级	超二级	超二级
濮阳	超二级	超二级	一级	二级	二级	超二级	超二级
许昌	超二级	超二级	一级	二级	二级	超二级	超二级
漯河	超二级	超二级	一级	二级	二级	超二级	超二级
三门峡	超二级	超二级	一级	二级	二级	超二级	超二级
南阳	超二级	超二级	一级	二级	二级	超二级	超二级
商丘	超二级	超二级	一级	二级	二级	超二级	超二级
信阳	超二级	超二级	一级	二级	二级	超二级	超二级
周口	超二级	超二级	一级	二级	二级	超二级	超二级
驻马店	超二级	超二级	一级	二级	二级	超二级	超二级
济源	超二级	超二级	一级	二级	二级	超二级	超二级

（3）日达标情况

2019 年，18 个省辖市城市环境空气质量优、良天数比例为 52.7%。信阳、三门峡、驻马店 3 市优良天数比例为 60%以上，新乡、商丘、周口、南阳、濮阳、许昌、平顶山、鹤壁、漯河 9 市优良天数比例为 50%～60%，济源、郑州、开封、洛阳、焦作、安阳 6 市优良天数比例为 50%以下（表 2.1-2）。

表 2.1-2 2019 年省辖市城市环境空气质量日达标情况

单位：%

城市	2019年		2018年		比较	
	优良比例	重度污染及以上天气比例	优良比例	重度污染及以上天气比例	优良比例	重度污染及以上天气比例
郑州	48.5	7.1	46.0	8.8	2.5	−1.7
开封	48.5	7.4	50.1	7.7	−1.6	−0.3
洛阳	48.5	8.5	49.6	6.6	−1.1	1.9
平顶山	51.2	5.5	51.2	6.8	0.0	−1.3
安阳	41.1	10.4	43.8	10.1	−2.7	0.3
鹤壁	50.7	7.4	53.4	4.7	−2.7	2.7
新乡	55.9	6.0	48.5	7.1	7.4	−1.1
焦作	44.9	7.4	46.0	8.2	−1.1	−0.8
濮阳	52.6	9.3	51.8	6.3	0.8	3.0
许昌	51.5	7.7	54.2	9.3	−2.7	−1.6
漯河	50.4	5.2	54.5	6.8	−4.1	−1.6
三门峡	64.9	5.5	58.1	5.2	6.8	0.3
南阳	53.4	6.6	57.5	7.7	−4.1	−1.1
商丘	55.3	3.8	55.9	7.4	−0.6	−3.6
信阳	66.8	1.1	61.1	2.7	5.7	−1.6
周口	55.1	4.4	55.9	6.0	−0.8	−1.6
驻马店	60.8	1.6	55.6	4.1	5.2	−2.5
济源	48.8	9.0	50.1	8.8	−1.3	0.2
全省	52.7	6.3	52.4	6.9	0.3	−0.6

（4）污染特征

2019 年，18 个省辖市城市环境空气首要污染物是 $PM_{2.5}$，其次为 PM_{10}（表 2.1-3）。

表 2.1-3 2019 年省辖市环境空气综合指数分析

项目	$PM_{2.5}$	PM_{10}	SO_2	NO_2	CO	O_3	综合指数
综合指数（I_i）	1.69	1.43	0.18	0.85	0.45	1.16	5.76
污染负荷系数（f_i）	0.29	0.25	0.03	0.15	0.08	0.20	—
f_i排序	1	2	6	4	5	3	—
首要污染物：$PM_{2.5}$							

2.1.2 对比分析

2.1.2.1 单因子对比分析

（1）$PM_{2.5}$

年均浓度变化 与 2018 年相比，2019 年省辖市 $PM_{2.5}$ 污染程度基本不变；18 个省辖市年均浓度值均超二级标准，与 2018 年持平；河南省年均浓度值由 64 μg/m^3 下降到 59 μg/m^3，下降 7.8%。2019 年与 2018 年省辖市 $PM_{2.5}$ 浓度年均值变化情况见图 2.1-14。

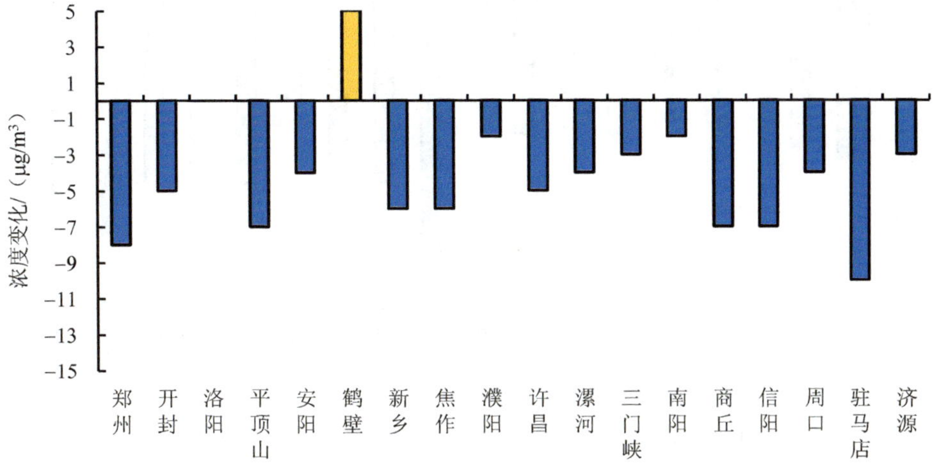

图 2.1-14 2019 年与 2018 年省辖市 $PM_{2.5}$ 浓度年均值变化

季节变化 冬季 $PM_{2.5}$ 浓度最高，春季、秋季次之，夏季最低。月均值接近 U 形波状变化（图 2.1-15 和图 2.1-16）。

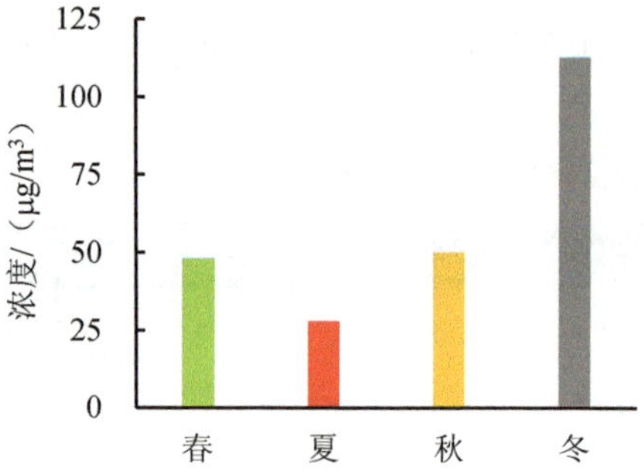

图 2.1-15　2019 年省辖市 $PM_{2.5}$ 浓度季均值变化

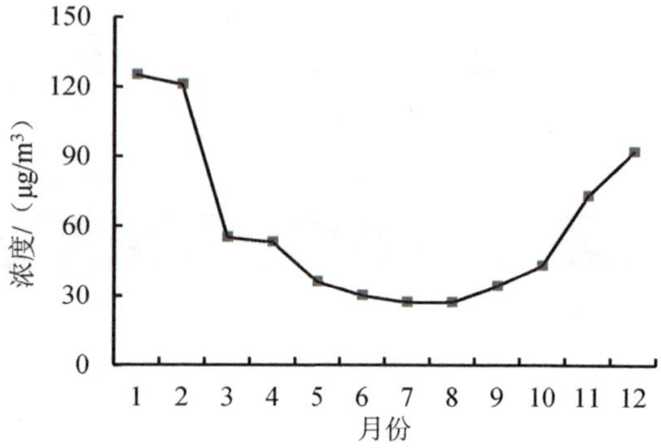

图 2.1-16　2019 年省辖市 $PM_{2.5}$ 浓度月均值变化

（2）PM_{10}

年均浓度变化　与 2018 年相比，2019 年省辖市 PM_{10} 污染程度基本不变；18 个省辖市浓度年均值均超二级标准，与 2018 年持平；全省年均浓度值由 114 μg/m³ 下降到 100 μg/m³，下降 12.3%。2019 年与 2018 年省辖市 PM_{10} 浓度年均值变化情况见图 2.1-17。

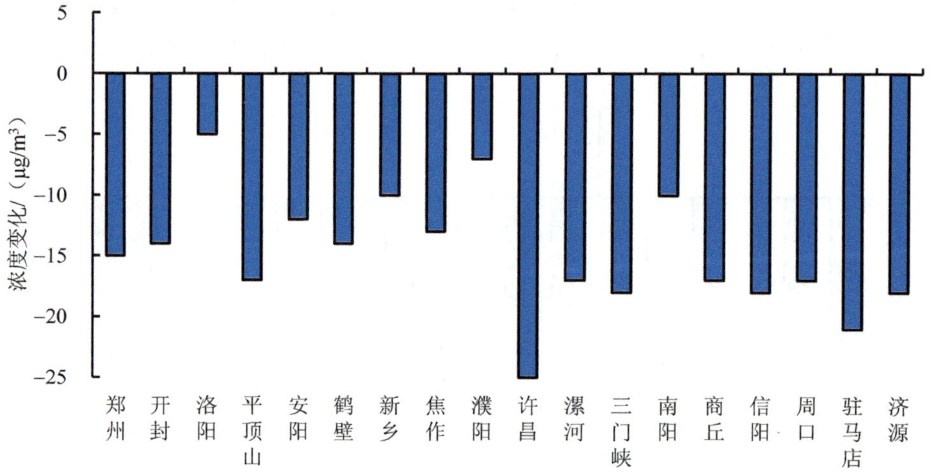

图 2.1-17　2019 年与 2018 年省辖市 PM_{10} 浓度年均值变化

季节变化　冬季 PM_{10} 浓度最高，春季、秋季次之，夏季最低。月均值接近 U 形波状变化（图 2.1-18 和图 2.1-19）。

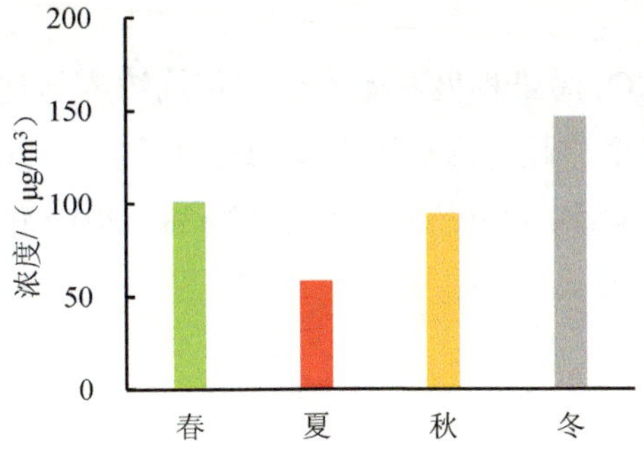

图 2.1-18 2019 年省辖市 PM_{10} 浓度季均值变化

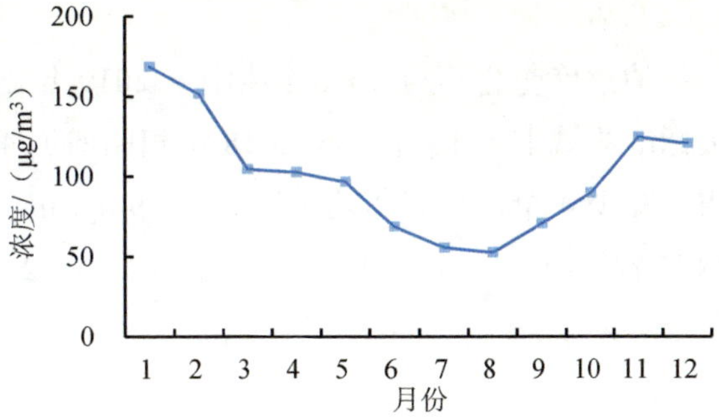

图 2.1-19 2019 年省辖市 PM_{10} 浓度月均值变化

（3）SO_2

年均浓度变化 与 2018 年相比，2019 年 SO_2 污染程度基本不变；18 个省辖市浓度年均值均达到一级标准，与 2018 年相比，增加 2 个城市。全省年均浓度值由 16 μg/m³ 下降到 11 μg/m³，下降 31.3%。2019 年与 2018 年省辖市 SO_2 浓度年均值变化情况见图 2.1-20。

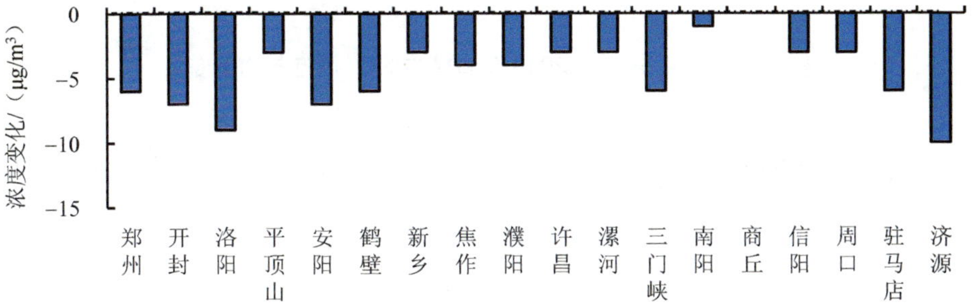

图 2.1-20 2019 年与 2018 年省辖市 SO_2 浓度年均值变化

季节变化 冬季 SO_2 浓度最高，春季、秋季次之，夏季最低。月均值接近 U 形波状变化（图 2.1-21 和图 2.1-22）。

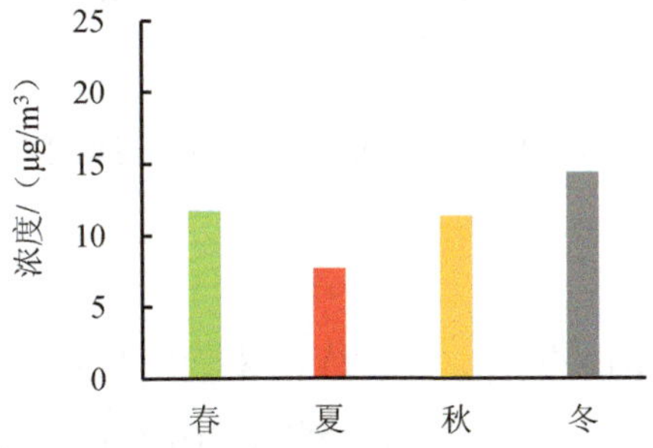

图 2.1-21 2019 年省辖市 SO_2 浓度季均值变化

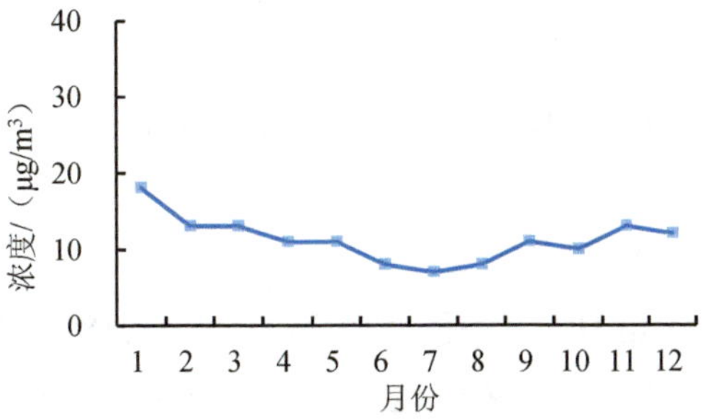

图 2.1-22 2019 年省辖市 SO_2 浓度月均值变化

（4）NO_2

年均浓度变化 与2018年相比，2019年NO_2污染程度基本不变，年均浓度值达到二级标准的城市为16个，与2018年相比增加4个，超二级标准的城市为2个，与2018年相比减少4个。全省年均浓度值由39 μg/m³下降到34 μg/m³，下降12.8%。2019年与2018年省辖市NO_2浓度年均值变化情况见图2.1-23。

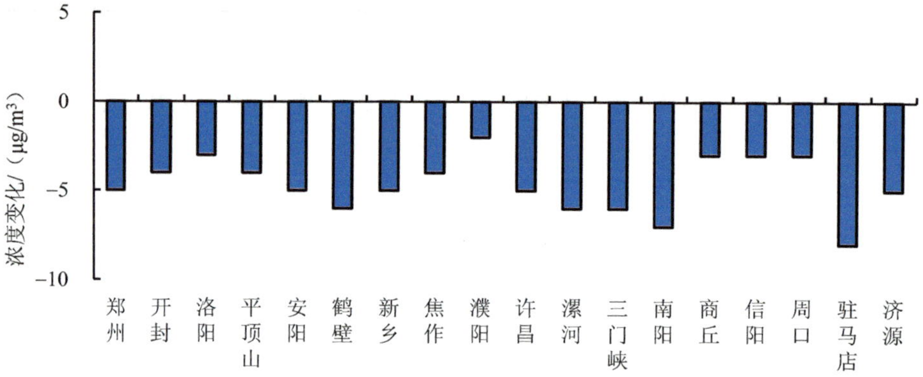

图2.1-23 2019年与2018年省辖市NO_2浓度年均值变化

季节变化 冬季NO_2浓度最高，春季、秋季次之，夏季最低。月均值接近U形波状变化（图2.1-24和图2.1-25）。

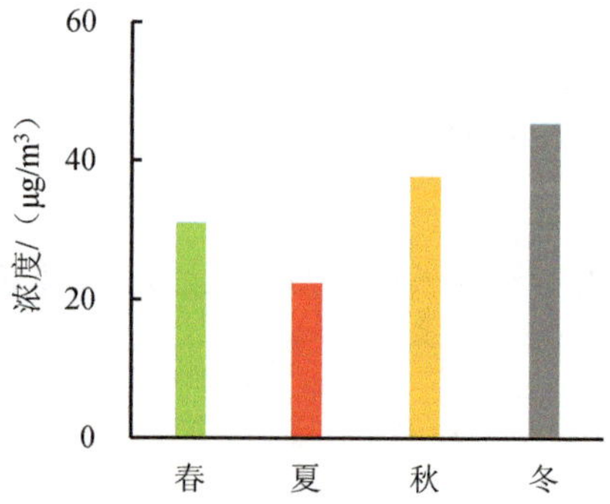

图2.1-24 2019年省辖市NO_2浓度季均值变化

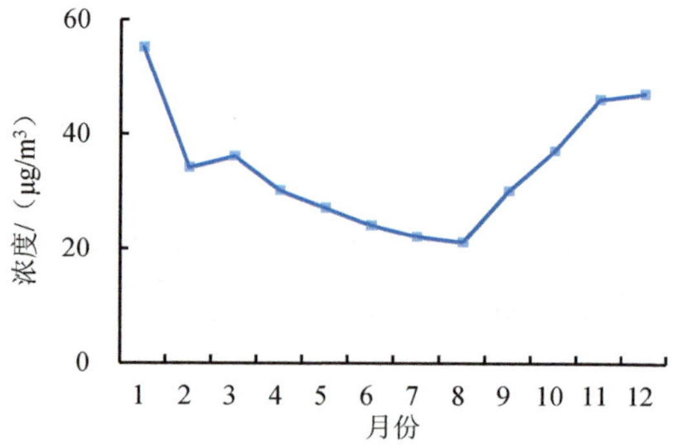

图2.1-25 2019年省辖市NO_2浓度月均值变化

（5）CO

年第95百分位浓度变化 与2018年相比，2019年省辖市CO污染程度基本不变，年第95百分位浓度达到二级标准的城市为18个，与2018年相比持平。2019年与2018年省辖市CO年第95百分位浓度值变化情况见图2.1-26。

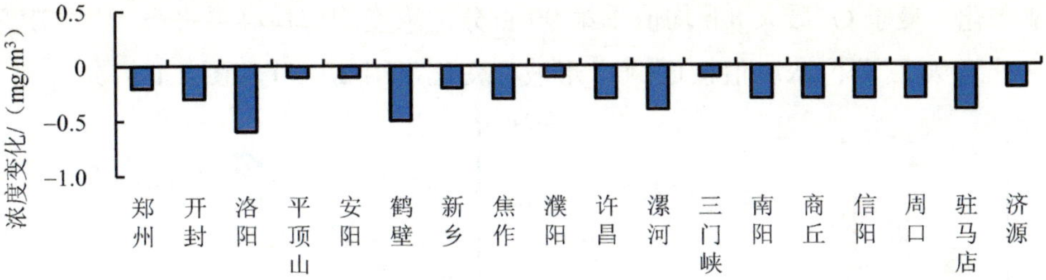

图 2.1-26　2019 年与 2018 年省辖市 CO 年第 95 百分位浓度值变化

季节变化　冬季 CO 季第 95 百分位浓度均值最高，春季、秋季次之，夏季最低。月第 95 百分位浓度接近 U 形波状变化（图 2.1-27 和图 2.1-28）。

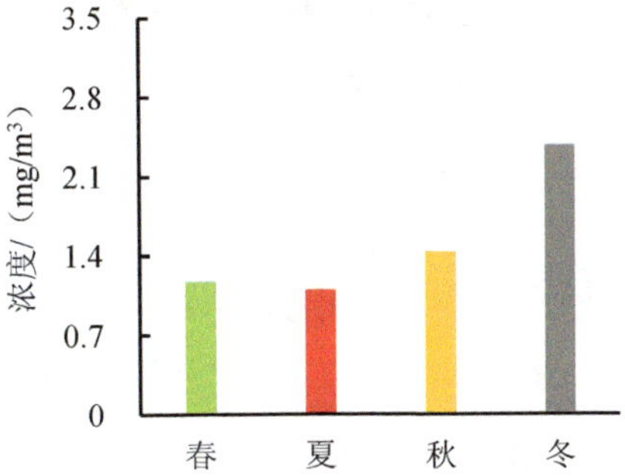

图 2.1-27　2019 年省辖市 CO 季第 95 百分位浓度值变化

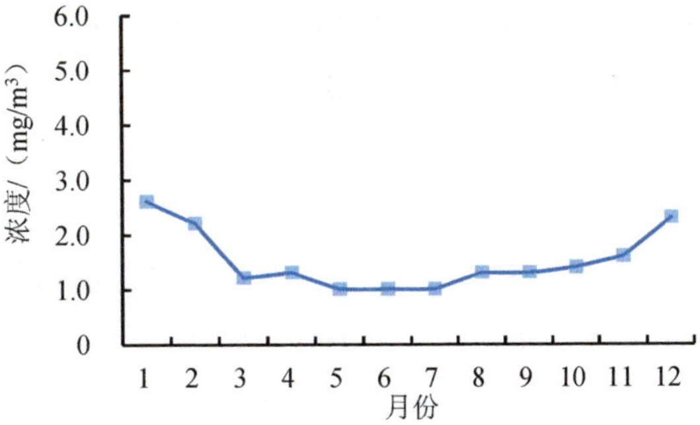

图 2.1-28　2019 年省辖市 CO 月第 95 百分位浓度值变化

（6）O_3

年第 90 百分位浓度变化　与 2018 年相比，2019 年省辖市 O_3 第 90 百分位数浓度污染程度基本不变；年第 90 百分位浓度超二级标准的城市为 18 个，与 2018 年相比持平。2019 年与 2018 年省辖市 O_3 最大 8 h 均值第 90 百分位浓度变化情况见图 2.1-29。

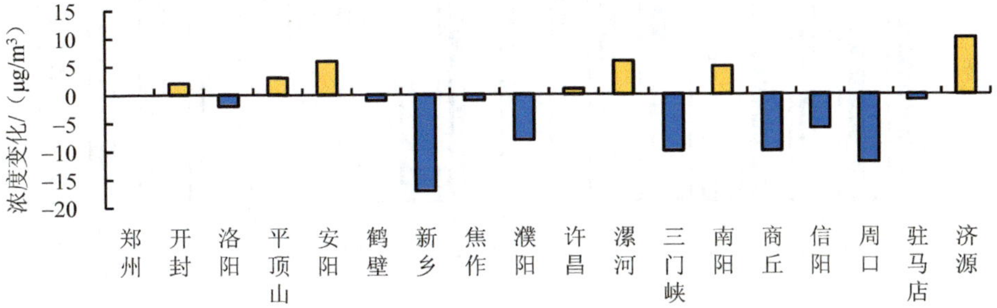

图 2.1-29　2019 年与 2018 年省辖市 O_3 最大 8 h 均值第 90 百分位浓度变化

季节变化 夏季 O_3 最大 8 h 均值季第 90 百分位浓度均值最高，秋季、春季次之，冬季最低。月第 90 百分位浓度值接近倒 U 形波状变化（图 2.1-30 和图 2.1-31）。

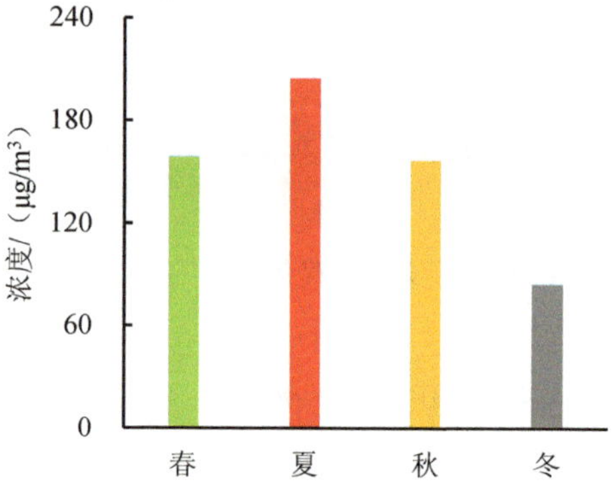

图 2.1-30 2019 年省辖市 O_3 季第 90 百分位浓度值变化

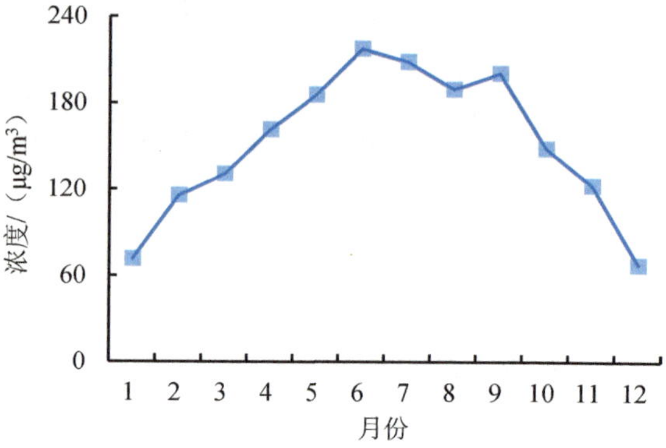

图 2.1-31 2019 年省辖市 O_3 月第 90 百分位浓度值变化

2.1.2.2 综合评价对比

2019 年，省辖市城市环境空气质量基本稳定，平均综合质量指数为 0.96，与 2018 年相比基本持平。信阳市环境空气质量为良，驻马店、商丘、周口、三门峡、漯河、南阳、许昌、开封、平顶山、濮阳、郑州、洛阳、鹤壁、新乡、济源、焦作、安阳 17 市环境空气质量为轻污染（按平均综合质量指数由小到大）。与 2018 年相比，2019 年省辖市城市环境空气首要污染物仍为 $PM_{2.5}$，其次为 PM_{10}（图 2.1-32 和表 2.1-4）。

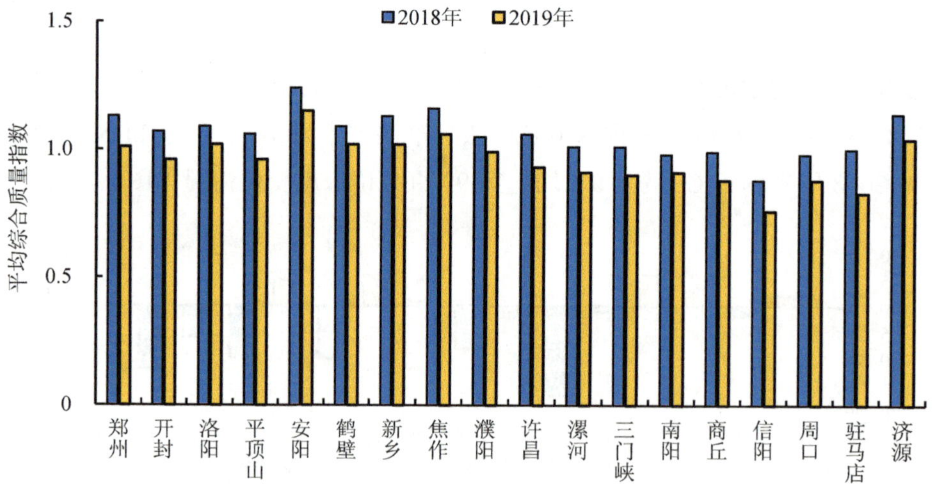

图 2.1-32 2019 年与 2018 年省辖市城市环境空气质量比较

表 2.1-4 2019 年与 2018 年省辖市城市环境空气综合评价对比

城市名称	2019 年		2018 年		I 变化
	I（平均综合质量指数）	定性级别	I（平均综合质量指数）	定性级别	
郑州	1.01	轻污染	1.13	轻污染	−0.12
开封	0.96	轻污染	1.07	轻污染	−0.11
洛阳	1.02	轻污染	1.09	轻污染	−0.07
平顶山	0.96	轻污染	1.06	轻污染	−0.10
安阳	1.15	轻污染	1.24	中污染	−0.09
鹤壁	1.02	轻污染	1.09	轻污染	−0.07
新乡	1.02	轻污染	1.13	轻污染	−0.11
焦作	1.06	轻污染	1.16	中污染	−0.10
濮阳	0.99	轻污染	1.05	轻污染	−0.06
许昌	0.93	轻污染	1.06	轻污染	−0.13
漯河	0.91	轻污染	1.01	轻污染	−0.10
三门峡	0.90	轻污染	1.01	轻污染	−0.11
南阳	0.91	轻污染	0.98	轻污染	−0.07
商丘	0.88	轻污染	0.99	轻污染	−0.11
信阳	0.76	良	0.88	轻污染	−0.12
周口	0.88	轻污染	0.98	轻污染	−0.10
驻马店	0.83	轻污染	1.00	轻污染	−0.17
济源	1.04	轻污染	1.14	轻污染	−0.10
省辖市平均	0.96	轻污染	1.07	轻污染	−0.11

2.1.2.3 污染特征

（1）污染物特征分析

2019 年，全省城市环境空气首要污染物是 $PM_{2.5}$，其次为 PM_{10}（图 2.1-33）。

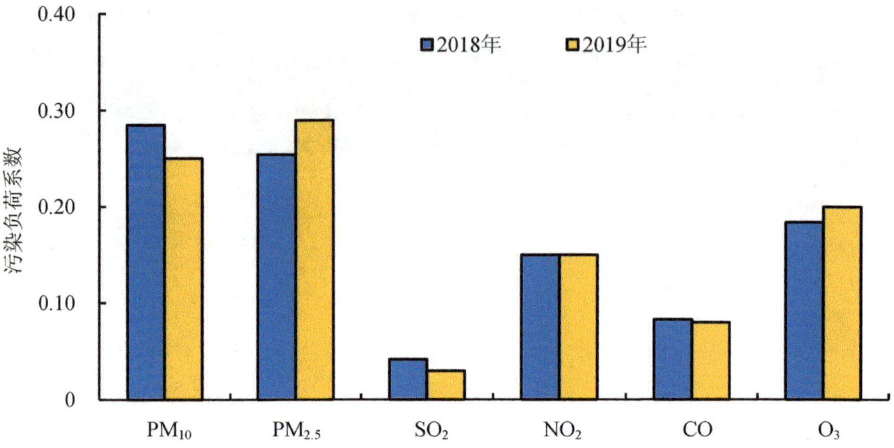

图 2.1-33　2019 年与 2018 年省辖市城市环境空气污染负荷变化

（2）污染季节性特征分析

冬季污染程度最高，春季、秋季次之，夏季最低（图 2.1-34）。

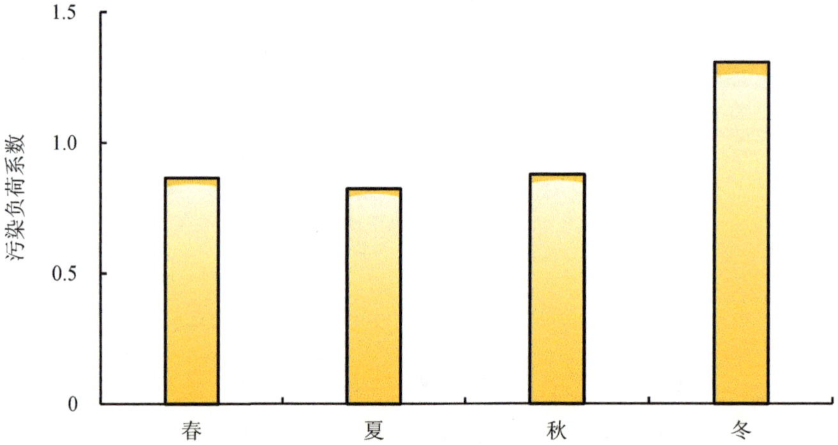

图 2.1-34　2019 年省辖市城市空气污染负荷季节变化

2.1.3　降水

2.1.3.1　现状评价

2019 年，全省 18 个省辖市对降水进行了监测，全省降水 pH 为 5.70～7.57，平均 pH 为 6.84，未发生酸雨。2019 年河南省 18 个省辖市城市降水 pH 情况见图 2.1-35。

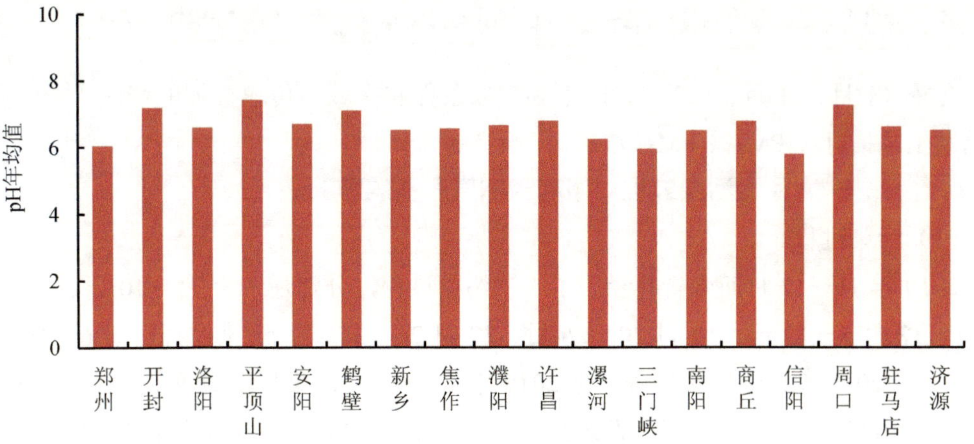

图 2.1-35 2019 年河南省 18 个省辖市城市降水 pH 情况

降水离子组成中，阴离子含量（毫克当量/升）由高到低依次为硫酸根>氯离子>硝酸根>氟离子，其中硫酸根浓度构成百分比高于其他各项阴离子（图 2.1-36），$SO_4^{2-}/\Sigma B^-$比值为 0.28～0.62。

全省降水阴离子部分，硫酸根浓度负荷比（$SO_4^{2-}/\Sigma B^-=0.44$）<0.5，商丘市降水的硫酸型表现最为突出，硫酸根负荷比（$SO_4^{2-}/\Sigma B^-$）为 0.62。

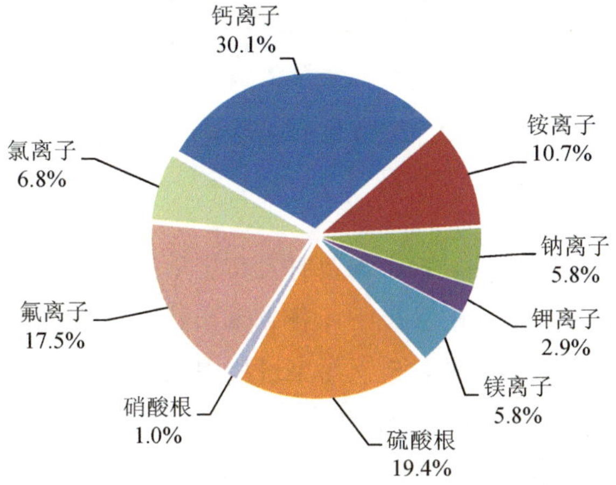

图 2.1-36 全省降水阴、阳离子浓度构成百分比

2.1.3.2 年度对比变化趋势

2019 年，全省没有城市降水 pH<5.6，酸雨发生率为 0。与 2018 年相比持平，降水平均 pH 增加了 0.09 个单位。

2.1.4 2019年冬季重污染天气对河南省空气质量影响的分析

冬季（1月、11月、12月），因不利气象条件和区域性传输叠加的影响，重污染天气频繁发生，抬升了PM_{10}、$PM_{2.5}$浓度。

2.1.4.1 11—12月重污染过程对河南省空气质量的影响

（1）污染过程

2019年11—12月河南省共经历了5次污染过程，分别是11月1—10日、11月15—24日、12月5—13日、12月20—26日、12月26—31日。污染过程历时6～10天，尤其是12月20—26日的污染过程，是2019年11—12月污染程度最重的一次，全省18个省辖市均出现了1～6天的重度及以上污染，全省PM_{10}、$PM_{2.5}$日浓度峰值分别高达223 μg/m^3、194 μg/m^3。2019年11—12月污染日历见图2.1-37。

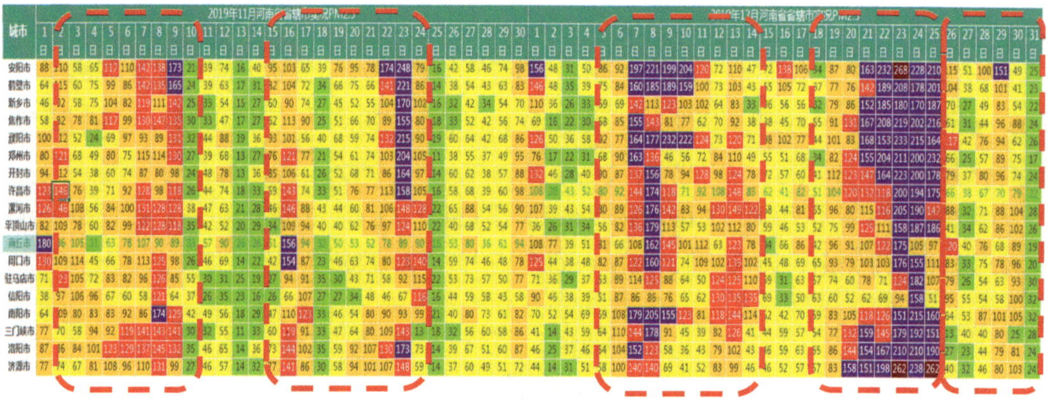

图2.1-37 2019年11—12月污染日历

（2）管控效果

这5次污染过程，河南省各省辖市均及时发布了重污染天气黄、橙、红色预警并及时启动Ⅲ、Ⅱ、Ⅰ级响应。在严格管控下，各省辖市排放量得到明显削减，从2019年11—12月污染源在线监控数据来看，5次污染过程中工业企业日均排放量分别较管控前减排37.0%、32.7%、26.4%、30.0%、42.3%。

各地市通过及时采取相应等级的预警管控，较往年同样不利的气象条件，2019年污染程度明显降低。5次重污染预警应急管控期间，河南省$PM_{2.5}$平均浓度较预测值降低14%。其中，2019年12月20—26日污染最重，在与2018年同期（2018年12月18—25日）的污染过程气象条件相似的情况下，并未出现大面积日均重度污染的现象，城市$PM_{2.5}$日均峰值为268 μg/m^3（安阳），远低于2018年的362 μg/m^3（漯河），充分说明管控取得了积极成效，起到了明显的“削峰降指”作用。

此外，重污染天气的有效管控使得 2019 年 11—12 月河南省重污染天数明显减少，颗粒物同比 2018 年明显下降。河南省 18 个省辖市累计重污染天数为 107 天，较 2018 年减少 77 天。18 个省辖市累计优良天数为 533 天，较 2018 年同期增加 37 天。全省两项颗粒物 PM_{10}、$PM_{2.5}$ 平均浓度分别为 120 μg/m^3、85 μg/m^3，同比下降 8.4%、6.6%，其中 12 月份两项颗粒物浓度分别同比下降 19.5%、7.1%，降幅在全国正排第 4（图 2.1-38）。

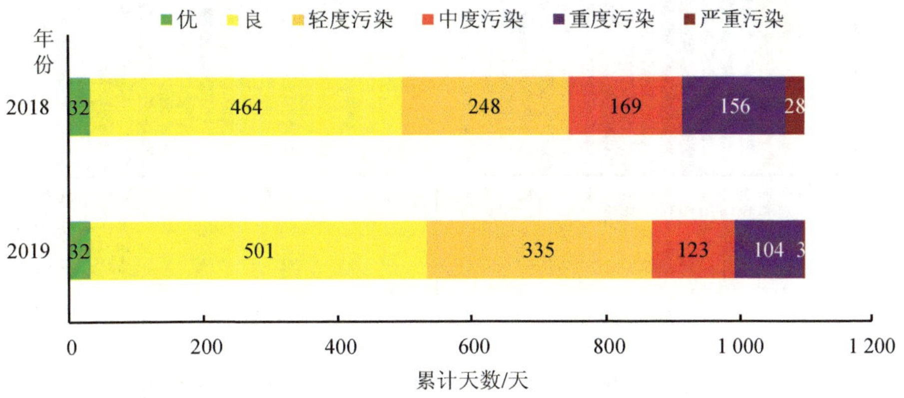

图 2.1-38　2018 年及 2019 年 11—12 月污染天气等级分布

（3）污染成因

气态污染物二次转化为 2019 年 11—12 月重污染过程的主要来源　2019 年 11—12 月 5 次污染过程的气象整体呈现高湿状态，气态污染物易二次转化。从安阳、焦作、新乡、郑州、濮阳、商丘、三门峡、周口、驻马店、信阳、南阳 11 市的 $PM_{2.5}$ 在线组分来看，5 次污染过程中，11 市 $PM_{2.5}$ 成分均以硫酸盐、硝酸盐及铵盐等二次无机盐为主，3 项之和在 $PM_{2.5}$ 中占比在 50%～80%，说明气态污染物的二次转化是导致 11—12 月重污染过程中 $PM_{2.5}$ 上升的主因。

硝酸盐在 $PM_{2.5}$ 组成中仍占据主要地位，普遍高于河北省　从污染物组分分析来看，河南省硝酸盐污染突出。组分数据显示，2019 年 11—12 月河南省硝酸盐浓度占比均在 30%以上，其中南阳、驻马店、郑州、焦作、三门峡、周口等城市占比均达到 40%。尤其是重污染期间，部分城市硝酸盐占比可达 50%左右，部分时段新乡市硝酸盐占比达到近 60%，NO_2 的二次转化对 $PM_{2.5}$ 的贡献在此次污染过程中尤为显著。2019 年 11—12 月，河南省城市硝酸盐占比平均为 37%，高出河北省平均占比（27%）10 个百分点。特别是河南省南部城市，硝酸盐占比更高，信阳、南阳、周口、驻马店等占比均达到 40%左右，较河北石家庄、邢台、邯郸等高出近 20 个百分点（图 2.1-39）。

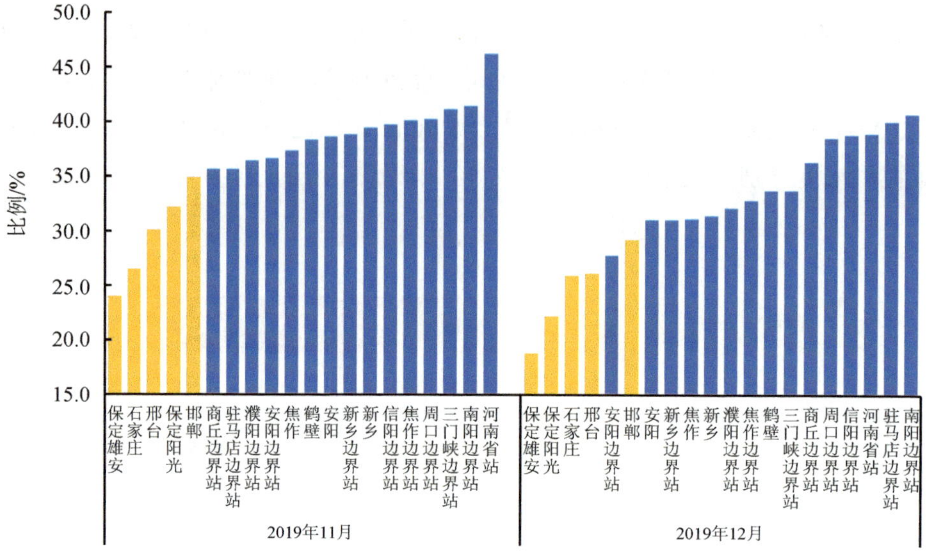

图 2.1-39　2019 年 11—12 月河北、河南各城市硝酸盐占比

5 次污染过程中硫酸盐浓度逐渐上升，燃煤源贡献逐步增加　$PM_{2.5}$ 在线组分显示，2019 年 11—12 月的 5 次污染过程中，11 市硫酸盐浓度均呈现持续上升趋势，随着冬季气温的降低，燃煤贡献逐步增大，部分时段硫酸盐浓度和硝酸盐浓度基本持平，共同成为 $PM_{2.5}$ 第一大污染来源。从硫酸盐在 $PM_{2.5}$ 组分中的占比来看，11 月以来的 5 次污染过程中，各城市硫酸盐占比呈现逐步上升趋势，自 10%左右上升至 15%～25%，尤其是北部城市，上升幅度均在 1 倍左右，硫酸盐占比均在 20%以上（图 2.1-40～图 2.1-42）。

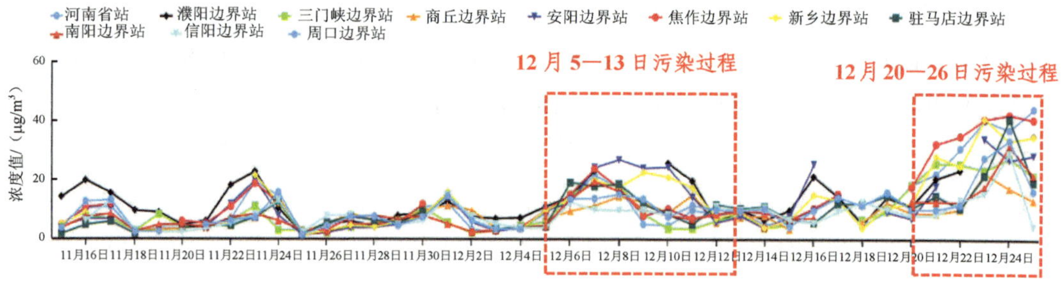

图 2.1-40　采暖季以来各城市硫酸盐浓度变化趋势

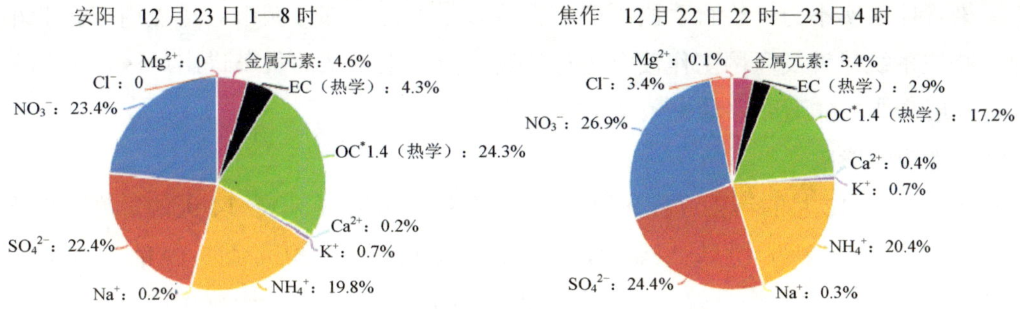

图 2.1-41 部分时段 $PM_{2.5}$ 各组分占比

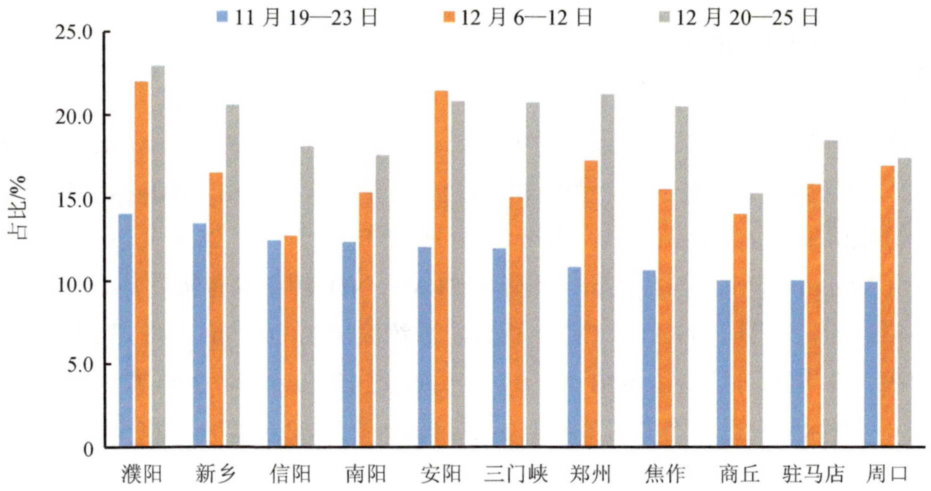

图 2.1-42 11—12 月污染过程中硫酸盐占比变化趋势

（4）存在的问题

2019 年 11—12 月，5 次污染过程中均存在部分省辖市未严格落实重污染天气应急管控措施、管控不严不实的现象。管控期间部分停、限产企业在线排放量不仅未下降，还出现持续大幅反升现象。在省核查组核查过程中，也发现地市存在该停产的未停产以及限产不到位的企业。

柴油货车管控是短板。历年重污染管控期间，硝酸盐在 $PM_{2.5}$ 组成中占较大比例，随着工业企业深度治理的开展，工业企业应急管控清单逐步加严加细，工业氮氧化物排放源逐步削减，尤其是重污染管控期间，氮氧化物得到大幅削减，但是 2019 年 11—12 月重污染期间组分数据显示，硝酸盐占比仍然较大，部分时段可达到 50%以上，夜间 NO_2

突增现象明显，来自重型车的氮氧化物的排放应得到重视。在预警管控期间，各地对柴油车污染管控落实不力、检查手段不严、管控效果不佳。部分城市对重点用车企业车辆禁行、监控系统建设及联网工作没有进行认真排查，大量柴油货车进出厂区，大部分城市没有开展高排放非道路移动机械禁用区执法检查。

（5）造成的影响

2019 年 11—12 月的污染过程导致全省 18 个省辖市增加了 1～14 天的重度及以上污染天数，统计 11—12 月计算结果显示，这 5 次污染过程，共拉高全省 PM_{10}、$PM_{2.5}$ 年均浓度均为 5 μg/m^3，仅两个月就贡献了全年 26.1%的重污染天数，影响深重。

2.1.5 污染特征和原因分析

2.1.5.1 污染特征分析

（1）空气质量逐年改善

2015—2019 年，河南省空气质量明显改善，各项污染物浓度均有所下降，重度、严重污染天数明显减少。蓝天白云天气增多，严重雾霾天气明显减少，民众的蓝天幸福指数增加，对空气质量的感官变好。颗粒物浓度值显著下降，PM_{10}、$PM_{2.5}$ 由 135 μg/m^3、80 μg/m^3 分别降低到 100 μg/m^3、59 μg/m^3，分别下降了 25.9%、26.3%；SO_2 污染得到有效遏制，由 39 μg/m^3 降低到 11 μg/m^3，下降了 71.8%；NO_2 污染改善幅度甚微，由 41 μg/m^3 降低到 34 μg/m^3，下降了 17.1%；CO 年百分位数浓度由 3.0 mg/m^3 下降到 1.8 mg/m^3，下降了 40.0%；O_3 年百分位数浓度由 153 μg/m^3 升高到 186 μg/m^3，上升了 21.6%；优良天数比例在 O_3 超标天数日益增多的基础上由 50.4%升高到 52.6%，上升 2.2 个百分点（图 2.1-43）。

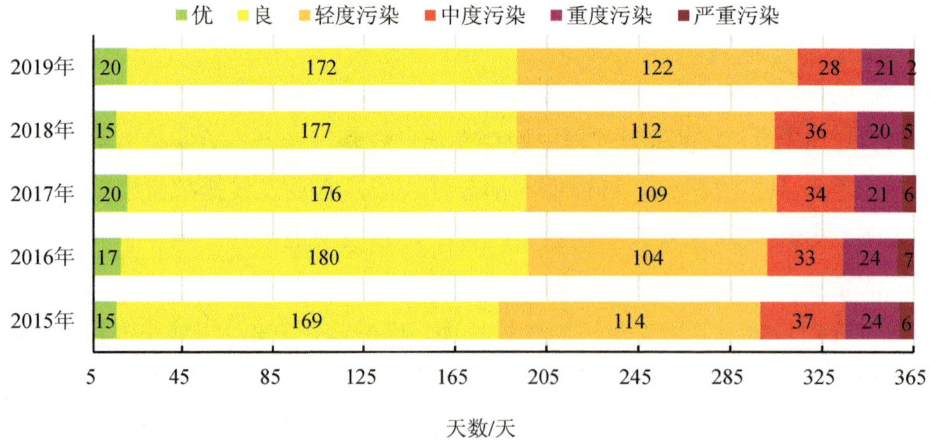

图 2.1-43 河南省各省辖市 2015—2019 年优、良天气分布

（2）空气质量污染呈西北较重、东南较轻趋势

2015—2019 年，河南省 18 个省辖市颗粒物浓度均显著下降，以京广—陇海铁路作为分界线，西北部地区空气质量污染较严重，东南地区污染空气质量较轻，空间特征变化显示，浓度较高区域集中分布在河南的北部以及中部地区，但南北区域平均浓度差距持续减小（图 2.1-44 和图 2.1-45）。

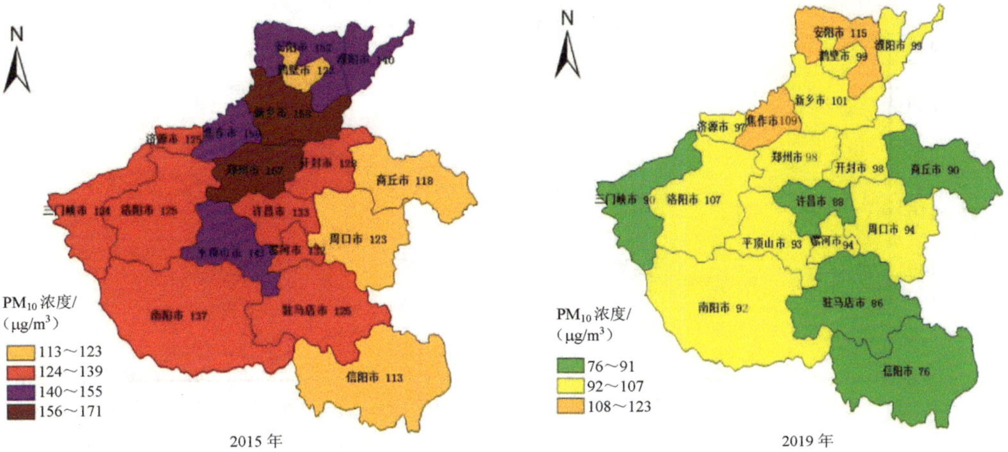

图 2.1-44　河南省 2015 年与 2019 年各省辖市城市环境空气质量 PM_{10} 年均浓度对比

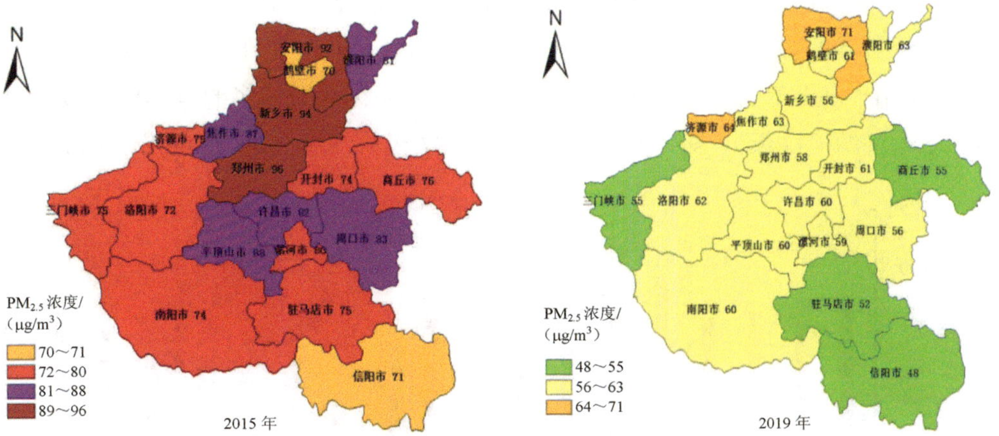

图 2.1-45　河南省 2015 年与 2019 年各省辖市城市环境空气质量 $PM_{2.5}$ 年均浓度对比

（3）夏季与秋初 O_3 超标率凸显，O_3 污染天数增多

2019 年，全省出现 O_3 轻度及以上污染天数平均为 75 天，夏季与秋初（5—9 月）O_3 污染上升趋势明显，期间全省 O_3 超标率为 46.1%（平均 70 天），远高于 $PM_{2.5}$（0.3%）、

PM_{10}（2.3%），18 个省辖市合计以 O_3 为首要污染物的污染天数为 1 257 天 • 市，占期间全部污染天数（1 357 天 •市）的 92.6%，时段性 O_3 污染已成为各地的主要环境问题之一。全省 O_3 平均超标天数逐年显著增加，与 2015 年相比增加 46 天，尤其 2019 年从 4 月起 O_3 超标的天数就有所增加，一直持续到 10 月底，超标时间延续较长，污染最严重的月份超标天数大幅升高（图 2.1-46）。

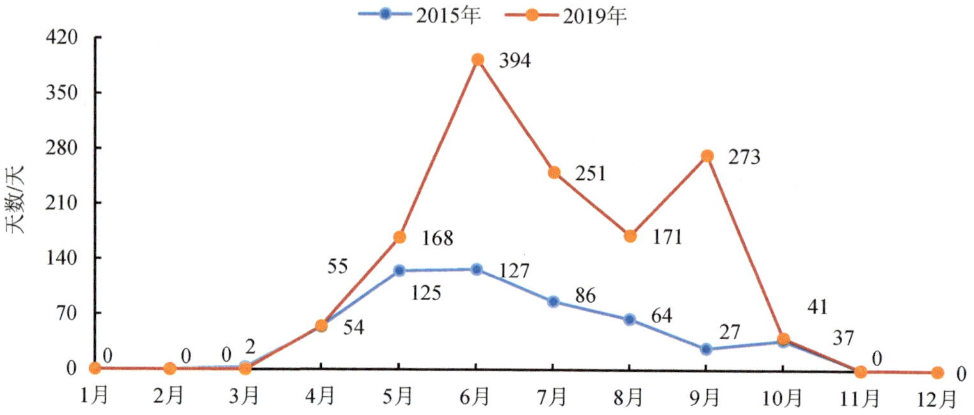

图 2.1-46 河南省各省辖市 2019 年与 2015 年 O_3 超标变化趋势比较

与 2015 年相比，2019 年全省 18 个省辖市除漯河以外，其他省辖市无论是 O_3 浓度还是 O_3 污染天数均明显上升，且污染区域呈现由南部城市向中北部城市转移的趋势，特别是焦作、安阳、济源等省辖市较为严重。2019 年 O_3 超标天数较多的有焦作（99 天）、安阳（96 天）、济源（92 天）、郑州（88 天）、开封（87 天）、鹤壁（86 天）6 市（图 2.1-47）。

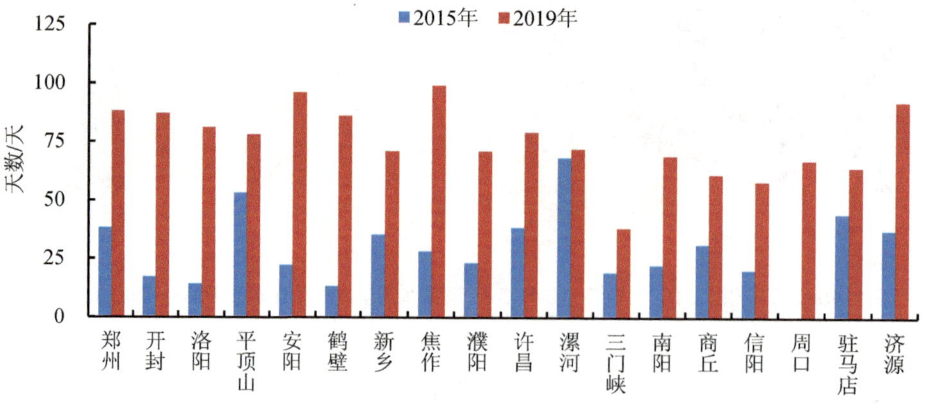

图 2.1-47 河南省各省辖市 2019 年与 2015 年 O_3 超标天数比较

2.1.5.2 原因分析

环境质量状况受自然禀赋、气象条件、污染传输和本地排放等诸多因素影响，但从近年来的攻坚效果来看，最为关键的还是在于减少本地污染物排放。2019 年，河南省两项颗粒物年均浓度圆满完成国家和省定目标任务，各项环境指标达到近年来最好水平。其中，全省 $PM_{2.5}$ 月均浓度连续 5 个月达到国家空气质量二级标准，取得近年来最好成绩。2019 年，河南省环境空气质量仍呈现出指标高、降幅窄的特点，甚至一些省辖市出现大幅反弹现象。

（1）创新方法，制度机制更加完善

2019 年，河南省政府以科学发展观为指导，以保护人民群众身体健康为根本出发点，以改善大气环境质量、减少灰霾天气为目标，坚持经济发展与环境保护相协调、政府调控与市场调节相结合、重点突破与全面推进相结合、属地管理和区域协作相结合，积极探索推进污染治理和空气质量改善的制度机制，不断激发各级单位推进减排和企业自主治污的责任意识。一是实施空气质量排名约谈。修订实施《河南省环境空气质量月排名暨奖惩办法》，每月公布全省各市县空气质量排名，分五批对空气质量排名连续靠后的 5 个省辖市和 47 个县（市、区）主要负责同志进行联合约谈，持续推进全省空气质量改善。二是开展环境空气质量生态补偿。修订完善《环境空气质量生态补偿办法》，每月公布并实施环境空气质量生态补偿。三是实施绿色环保调度。根据《河南省绿色环保调度制度（试行）》和《河南省绿色环保调度制度实施方案（试行）》，积极开展绿色环保引领企业综合审核评定工作，在大力开展宣传、逐级申报、专家评审、现场核查的基础上，全省综合评定 40 家绿色引领企业，给予环保、经济激励政策，既避免了“一刀切”，也激发了企业环境治理的积极性。四是修订《河南省重污染天气应急预案》，细化减排清单。实施“一厂一策”“一企一策”，实现工业源、扬尘源、移动源管控措施全覆盖，全省管控企业增至 52 123 家，自动在线和用电量监控企业增至 37 405 家。

（2）河南省地处中原地带，相对于其他相邻省份，地理环境、气象条件不利于污染物的扩散

河南省总面积 16.7 万 km^2，占全国总面积的 1.74%，却承载了全国近 10%的人口，过高的人口密度、经济活动产生巨大的能源消耗，由此产生的废气是大气污染的主要来源。随着经济的快速发展，河南省由于大兴土木、引进外资、开办工业园等原因，将大量污染物排入大气，大规模经济建设在一定程度上影响了大气环境。由于气态污染物（SO_2、NO_x）性状不稳定，在空气中停留时间短，多以本地污染为主，夏季 NO_x 集中在东南部农业县市；而较为稳定的颗粒物不仅有本地污染源，还有外来输送，以京广—陇海铁路作为分界线，西北污染较严重，东南污染较轻；太行山山脉东侧存在大气污染物的“聚

集带”，工业较为集中，地理条件不利于污染物扩散，从而导致污染物在河南省西北部集聚，这与河南省整体的工业布局、自然资源分布和各城市工业企业的发展水平关系密切。

外来输入加剧污染。河南省地势西高东低，北、西、南三面环山，东部平原，空气污染状况具有显著的地理分布特征，地形条件致使河南省大气污染物的输出不利，整体为输入状态。冬春季，受北风影响，河南省西北部、中部受到来自河北和山东方向的东北输送通道、来自山西和陕西方向的西北输送通道影响较大；夏秋季主导风向为东南风，东南部受到安徽输送影响，西南部受湖北输送影响，同时存在季节性输送（秸秆焚烧）。

气象条件影响显著。河南省为大陆性季风气候，冬季污染物浓度最高，春季、秋季次之，夏季最低，大气污染物浓度变化呈 U 形，与冬春季取暖燃煤量大、静风天气有明显关系；受秸秆焚烧影响，每年的 6 月、10 月会出现局部高值。冬季比较容易形成不利于污染物扩散的地面天气形势，地面和低空风速较小，常伴有较强的辐射逆温或低空逆温，导致污染物不断积累；城市建设增大了地面摩擦系数，近地面污染物（低矮锅炉排放口和生活面源污染、机动车尾气、道路及工地扬尘等）得不到好的横向稀释的条件，容易在城区内积累高浓度污染；而高空有风，大型电厂等企业的高烟囱则相对容易扩散，导致下风向的区域形成外来输送污染。

（3）产业结构转型升级步伐缓慢，是 O_3 污染日益加重的主因

河南省产业结构转型升级步伐缓慢，发展模式依然粗放，污染物长期超环境容量排放，多年的经济发展使得大气污染物长期积累；经济总量、能源消耗、人口数量仍将保持较快增长，生态资源、环境容量和经济快速发展的矛盾仍将加剧，并将长期存在。随着经济社会的快速发展，以煤炭为主的能源消耗大幅攀升，机动车保有量急剧增加，NO_x 和 VOCs 排放量显著增长，O_3 和 $PM_{2.5}$ 污染加剧，在 PM_{10} 和总悬浮颗粒物（TSP）污染还未全面解决的情况下，京津冀及其周边地区（包括河南）等区域 $PM_{2.5}$ 和 O_3 污染加重，河南夏季、秋末 O_3 超标现象频繁发生，严重影响优良天数比例的提升。

2.2 地表水环境质量

2.2.1 现状评价

2.2.1.1 河流

2019 年，全省河流水质级别为轻度污染。省辖淮河流域、海河流域、黄河流域为轻度污染，长江流域为优。

在 141 个监测断面中，水质符合Ⅰ～Ⅲ类标准的水质断面有 89 个，占 63.1%；符合

Ⅳ类标准的水质断面有 42 个，占 29.8%；符合Ⅴ类标准的水质断面 5 个，占 3.6%；符合劣Ⅴ类标准的水质断面有 4 个，占 2.8%；断流断面 1 个，占 0.7%（图 2.2-1 和表 2.2-1）。

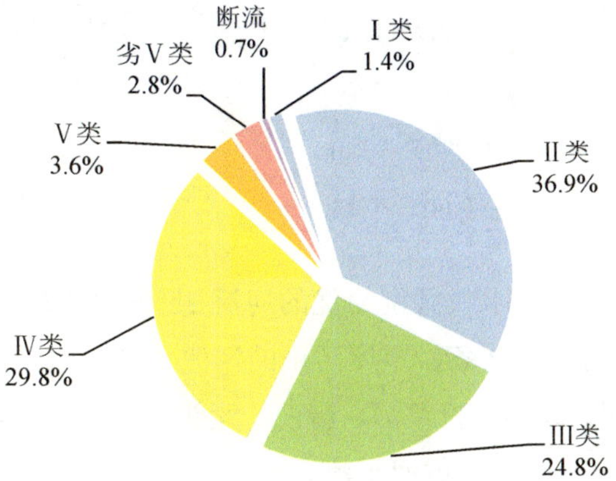

图 2.2-1 全省河流断面水质比例

表 2.2-1 2019 年各流域水质类别按断面统计 单位：个

流域名称	Ⅰ～Ⅲ类	Ⅳ类	Ⅴ类	劣Ⅴ类	断流	数量
淮河流域	33	26	0	1	0	60
海河流域	8	8	3	1	0	20
黄河流域	29	7	2	2	1	41
长江流域	19	1	0	0	0	20
全省	89	42	5	4	1	141

全省河流断面 21 项评价因子中有 8 项因子出现超标情况。主要污染因子为化学需氧量、五日生化需氧量和氨氮（表 2.2-2）。

表 2.2-2 2019 年全省河流断面超标因子情况统计

项目	超标率/%	年均值范围/（mg/L）	年均值最高断面及超标倍数	
			年均值最高断面	超标倍数
化学需氧量	25.5	2.0～37.8	惠济河太平岗桥	0.9
五日生化需氧量	10.6	0.4～8.1	惠济河太平岗桥	1.0
氨氮	9.9	0.04～3.31	惠济河太平岗桥	2.3

项目	超标率/%	年均值范围/（mg/L）	年均值最高断面及超标倍数	
			年均值最高断面	超标倍数
总磷	9.2	0.010～0.491	惠济河太平岗桥	1.5
氟化物	9.2	0.09～1.36	浍河永城黄口	0.4
高锰酸盐指数	7.8	0.6～7.6	汤河汤河水库	0.3
挥发酚	5.0	0.000 2～0.016	卫河南乐元村集	2.2
石油类	2.1	0.005～0.13	卫河南乐元村集	1.6

全省监测的67条河流中，水质级别为优的河流28条，良好的河流18条，轻度污染的河流18条，中度污染的河流2条，重度污染的河流1条。水质级别为优的河流有：淮河流域的淮河干流、史河、滚河、竹竿河、澧河、臻头河、北汝河，海河流域的安阳河、淅河、淇河、露水河，黄河流域的黄河干流、沁河、蟒河、伊河、文峪河、青龙涧河、宏农涧河、洛河、文岩渠、丹河、天然渠、枣香河，长江流域的老灌河、蛇尾河、丹江、淇河、丁河；重度污染的河流有：黄河流域的汜水河（图2.2-2）。

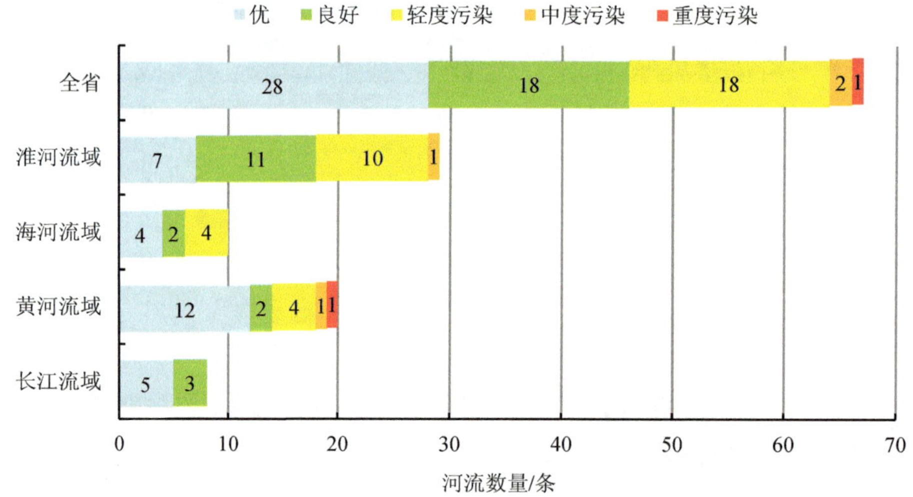

图2.2-2 全省河流水质污染程度评价

（1）淮河流域

① 断面水质类别评价

在60个监测断面中，Ⅰ～Ⅲ类水质断面33个，占55.0%；Ⅳ类水质断面有26个，占43.3%；无Ⅴ类水质断面；劣Ⅴ类水质断面有1个，占1.7%（图2.2-3）。

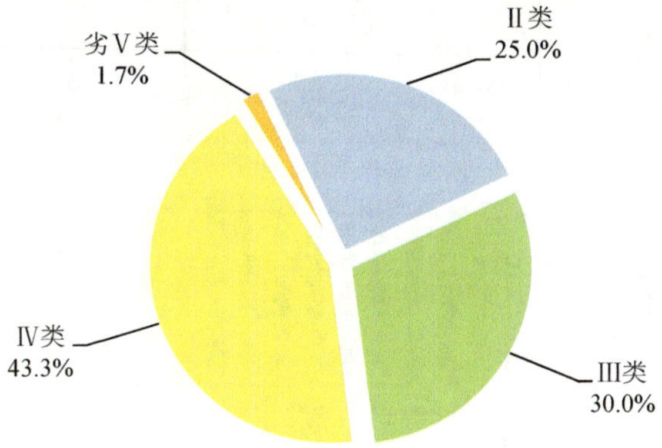

图 2.2-3　省辖淮河流域河流断面水质比例

② 主要超标因子评价

淮河流域中河流断面有 6 项因子出现超标的情况，主要污染因子为化学需氧量、氟化物和五日生化需氧量（表 2.2-3）。

表 2.2-3　2019 年省辖淮河流域河流断面超标因子情况统计

项目	超标率/%	年均值范围/（mg/L）	年均值最高断面及超标倍数	
			年均值最高断面	超标倍数
化学需氧量	30.0	9.0～37.8	惠济河太平岗桥	0.9
氟化物	13.3	0.18～1.36	浍河永城黄口	0.4
五日生化需氧量	13.3	1.0～8.1	惠济河太平岗桥	1.0
高锰酸盐指数	11.7	2.0～7.4	惠济河太平岗桥	0.2
氨氮	11.7	0.07～3.31	惠济河太平岗桥	2.3
总磷	11.7	0.017～0.491	惠济河太平岗桥	1.5

③ 河流污染程度评价

定性评价

在监测的 29 条河流中（同一水质级别按河流综合污染指数从低到高排列），史河、澧河、北汝河、滚河、臻头河、竹竿河、淮河干流 7 条河流水质级别为优；沙河、灌河、白露河、史灌河、浉河、涡河、贾鲁河、汾河、泉河、黑河、汝河 11 条河流水质级别为良好；颍河、洪河、黑茨河、清潩河、潢河、浍河、双洎河、大沙河、包河、沱河 10 条河流水质级别为轻度污染；惠济河水质级别为中度污染（图 2.2-4）。

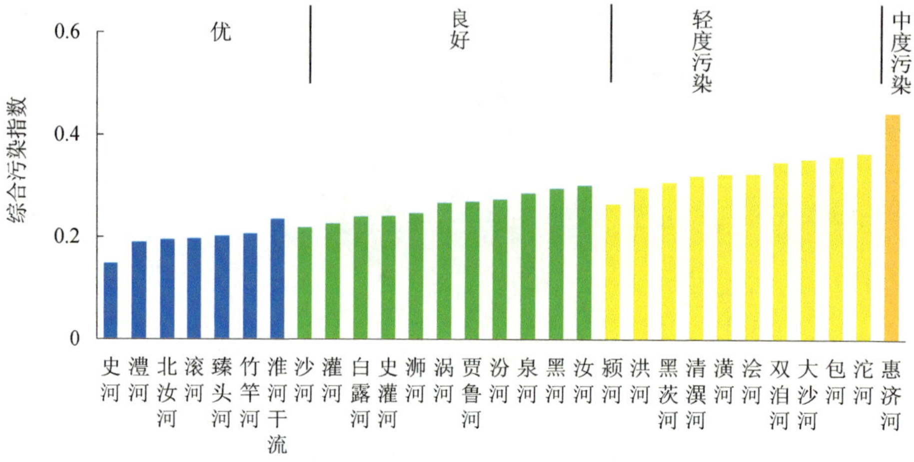

图 2.2-4 省辖淮河流域河流污染程度

主要河流及沿程变化

淮河干流及南部支流：干流水质级别为优，南部支流史河、竹竿河水质级别为优；灌河、史灌河、浉河、白露河水质级别为良好；潢河水质级别为轻度污染。干流长台关甘岸桥、息县大埠口、淮滨水文站水质级别均为优。

洪河：水质级别为轻度污染。上游滚河石漫滩水库水质级别为优，西平杨庄水质级别为轻度污染（氨氮超标 0.2 倍），经新蔡李桥为良好，至新蔡丁湾为轻度污染（化学需氧量超标 0.1 倍、总磷超标 0.2 倍），至新蔡班台出省境水质级别为轻度污染（总磷超标 0.4 倍）（图 2.2-5）。

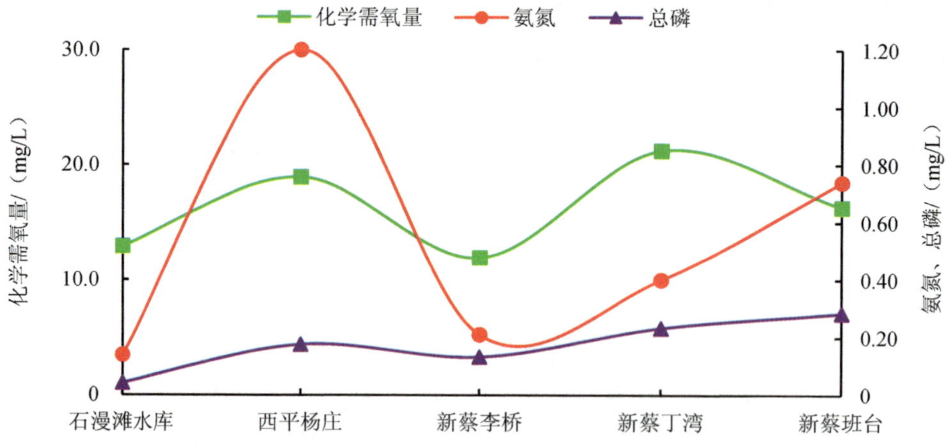

图 2.2-5 洪河主要污染因子沿程变化

颍河：水质级别为轻度污染。上游白沙水库水质级别为轻度污染（氟化物超标 0.3 倍），禹州褚河大桥、临颍吴刘闸、西华址坊、周口康店水质级别为良好，槐店闸水质级别为轻度污染（化学需氧量超标 0.1 倍），至沈丘纸店出省境水质级别为良好（图 2.2-6）。

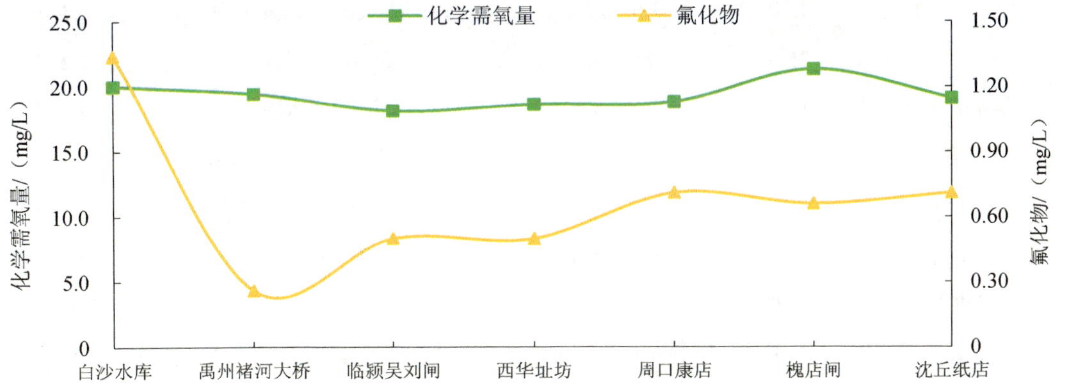

图 2.2-6　颍河主要污染因子沿程变化

（2）海河流域

① 断面水质类别评价

在监测的 20 个断面中，Ⅰ～Ⅲ类水质断面 8 个，占 40.0%；Ⅳ类水质断面 8 个，占 40.0%；Ⅴ类水质断面 3 个，占 15.0%；劣Ⅴ类水质断面 1 个，占 5.0%（图 2.2-7）。

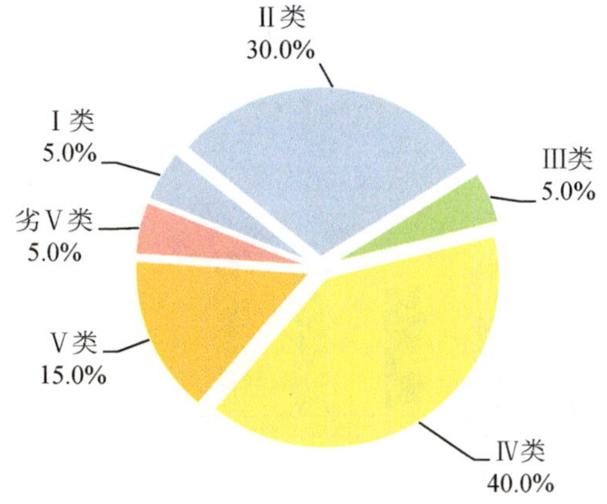

图 2.2-7　省辖海河流域河流断面水质比例

② 主要超标因子评价

在海河流域中有 8 项因子出现超标情况，主要污染因子为化学需氧量、挥发酚和高锰酸盐指数（表 2.2-4）。

表 2.2-4 2019 年省辖海河流域河流断面超标因子情况统计

项目	超标率/%	年均值范围/（mg/L）	年均值最高断面及超标倍数	
			年均值最高断面	超标倍数
化学需氧量	45.0	3.6～23.9	共产主义渠卫辉黄土岗	0.2
挥发酚	25.0	0.000 2～0.016	卫河南乐元村集	2.2
高锰酸盐指数	15.0	0.9～7.6	汤河汤河水库	0.3
氨氮	15.0	0.05～2.56	共产主义渠获嘉西永康桥	1.6
氟化物	15.0	0.22～1.34	大沙河修武水文站	0.3
五日生化需氧量	10.0	0.9～5.3	汤河汤河水库	0.3
石油类	10.0	0.01～0.13	卫河南乐元村集	1.6
总磷	5.0	0.010～0.302	共产主义渠获嘉东碑村	0.5

③ 河流污染程度评价

定性评价

在监测的 10 条河流中（同一水质级别按河流综合污染指数从低到高排列），淅河、露水河、淇河、安阳河 4 条河流水质级别为优；人民胜利渠、马颊河 2 条河流水质级别为良好；大沙河、共产主义渠、卫河、汤河 4 条河流水质级别为轻度污染（图 2.2-8）。

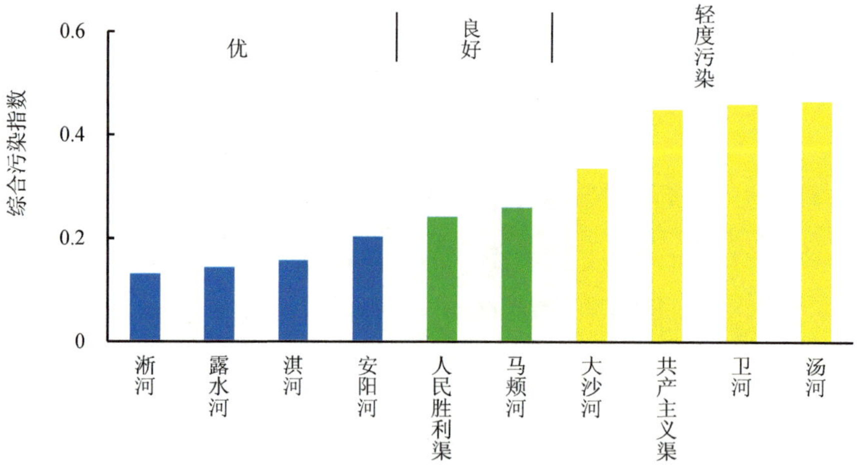

图 2.2-8 省辖海河流域河流污染程度

主要河流及沿程变化

卫河：水质级别为轻度污染。上游大沙河修武水文站（氟化物超标 0.3 倍、化学需氧量超标 0.1 倍）、卫辉水文站（挥发酚超标 0.4 倍、氨氮超标 0.1 倍）、卫辉皇甫（五日生化需氧量超标 0.2 倍、化学需氧量超标 0.2 倍）、小河口（化学需氧量超标 0.2 倍）水质级别为轻度污染，汤阴五陵（挥发酚超标 1.7 倍、化学需氧量超标 0.1 倍、高锰酸盐指数超标 0.03 倍）至出省境南乐元村集（挥发酚超标 2.2 倍、石油类超标 1.6 倍）水质级别均为中度污染（图 2.2-9）。

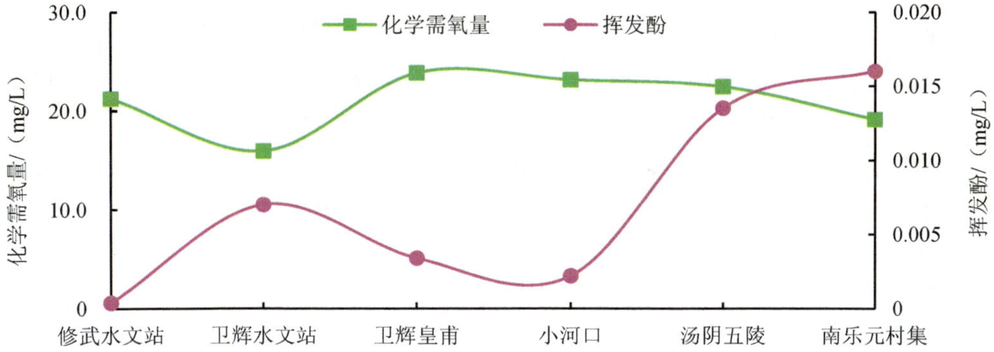

图 2.2-9　卫河主要污染因子沿程变化

（3）黄河流域

① 断面水质类别评价

在监测的 41 个断面中，Ⅰ～Ⅲ类水质断面 29 个，占 70.7%；Ⅳ类水质断面 7 个，占 17.1%；Ⅴ类水质断面 2 个，占 4.9%；劣Ⅴ类水质断面 2 个，占 4.9%；断流断面 1 个，占 2.4%（图 2.2-10）。

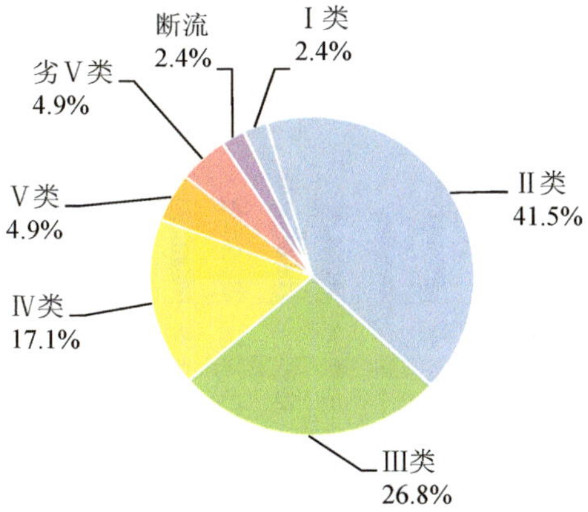

图 2.2-10　省辖黄河流域河流断面水质比例

② 主要超标因子评价

黄河流域有 8 项因子出现超标情况，主要污染因子为化学需氧量、五日生化需氧量和总磷（表 2.2-5）。

表 2.2-5 2019 年省辖黄河流域河流断面超标因子情况统计

项目	超标率/%	年均值范围/（mg/L）	年均值最高断面及超标倍数	
			年均值最高断面	超标倍数
化学需氧量	22.0	2.0～29.8	西柳青河滑县黄塔桥	0.5
五日生化需氧量	12.2	0.4～5.1	金堤河宋海桥	0.3
总磷	12.2	0.015～0.269	金堤河台前贾垓桥	0.3
氨氮	7.3	0.07～2.06	汜水河口子	1.1
挥发酚	4.9	0.000 2～0.016	金堤河宋海桥	2.2
氟化物	4.9	0.09～1.04	蟒河温县汜水滩	0.04
高锰酸盐指数	2.4	0.6～6.6	蟒河温县汜水滩	0.1
石油类	2.4	0.005～0.10	阳平河张村桥	1.0

③ 河流污染程度评价

定性评价

在监测的 20 条河流中（同一水质级别按河流综合污染指数从低到高排列），丹河、沁河、文峪河、洛河、伊河、宏农涧河、枣香河、黄河干流、天然渠、文岩渠、蟒河、青龙涧河 12 条河流水质级别为优；伊洛河、黄庄河 2 条河流水质级别为良好；天然文岩渠、涧河、西柳青河、阳平河 4 条河流水质级别为轻度污染；金堤河水质级别为中度污染；汜水河水质级别为重度污染（图 2.2-11）。

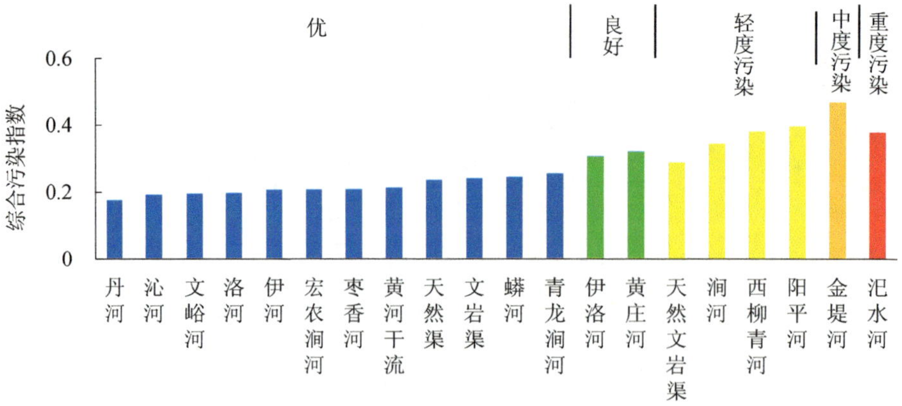

图 2.2-11 省辖黄河流域河流污染程度

主要河流及沿程变化

黄河干流：水质级别为优。入省境风陵渡大桥水质级别为良好，小浪底水库南村水质级别为良好，小浪底水库水质级别为优，花园口、出省境东明公路大桥水质级别为良好。

洛河：水质级别为优。支流伊河水质级别为优。洛河大桥、洛宁长水、高崖寨水质级别为优，经洛阳市区后白马寺、伊洛河汇合处至入黄河干流前七里铺水质级别均为良好。

金堤河：水质级别为中度污染。大韩桥水质级别为良好，宋海桥水质级别为中度污染（挥发酚超标 2.2 倍、化学需氧量超标 0.5 倍、五日生化需氧量超标 0.3 倍），范县金堤桥水质级别为重度污染（氨氮超标 1.0 倍、化学需氧量超标 0.4 倍、总磷超标 0.2 倍、五日生化需氧量超标 0.2 倍），子路堤桥水质级别为轻度污染（化学需氧量超标 0.3 倍、五日生化需氧量超标 0.2 倍），至出省境断面台前贾垓桥水质级别为轻度污染（化学需氧量超标 0.3 倍、总磷超标 0.3 倍、五日生化需氧量超标 0.2 倍）（图 2.2-12）。

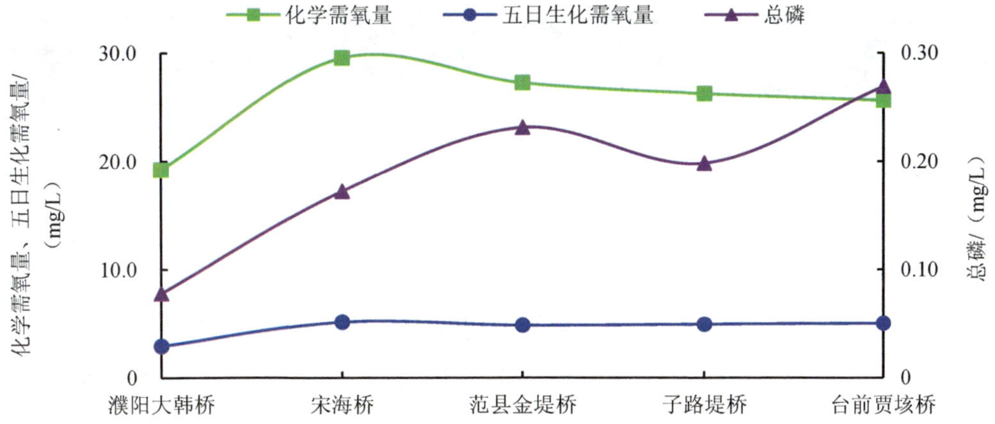

图 2.2-12　金堤河主要污染因子沿程变化

（4）长江流域

① 断面水质类别评价

在监测的 20 个断面中，Ⅰ～Ⅲ类水质断面 19 个，占 95.0%；Ⅳ类水质断面 1 个，占 5.0%；无Ⅴ类、劣Ⅴ类断面（图 2.2-13）。

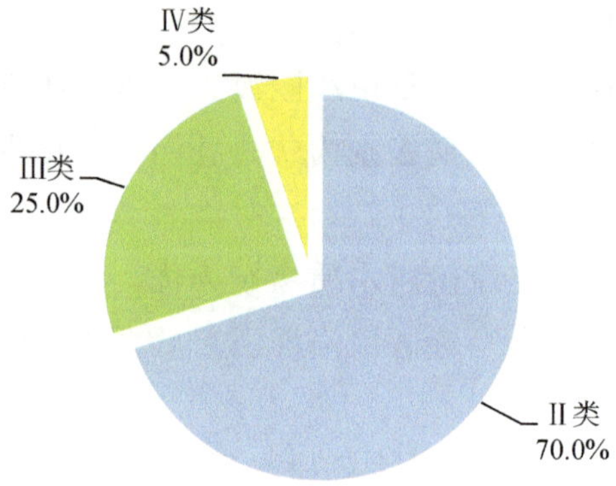

图 2.2-13　省辖长江流域河流断面水质比例

② 主要超标因子评价

长江流域中河流断面有 1 项因子出现超标现象（表 2.2-6）。

表 2.2-6　2019 年省辖长江流域河流断面超标因子情况统计

项目	超标率/%	年均值范围/（mg/L）	年均值最高断面及超标倍数	
			年均值最高断面	超标倍数
氨氮	5.0	0.04～1.03	唐河方城夏河	0.03

③ 河流污染程度评价

定性评价

监测的 8 条河流（同一水质级别按河流综合污染指数从低到高排列），丹江、淇河、丁河、蛇尾河、老灌河 5 条河流水质级别为优；湍河、白河、唐河 3 条河流水质级别为良好（图 2.2-14）。

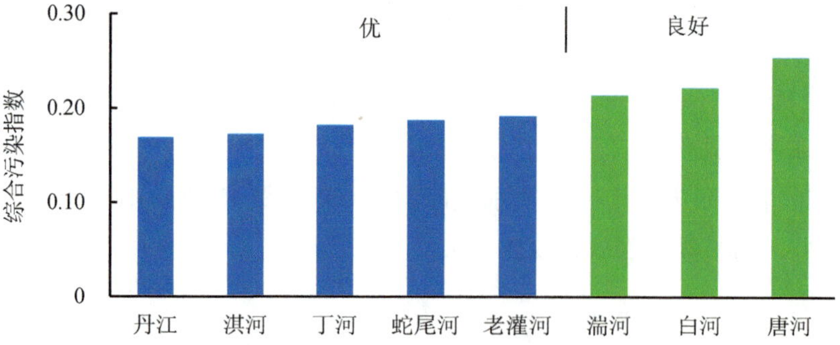

图 2.2-14　省辖长江流域河流污染程度

主要河流及沿程变化

白河：上游盆窑水质级别为优，出省境断面新甸铺水质级别为良好。

唐河：方城夏河水质级别为轻度污染（氨氮超标 0.03 倍），郭滩至出省境断面梅湾水质级别均为良好。

2.2.1.2 水库

（1）水质类别评价

在 24 座省控水库中，Ⅰ～Ⅲ类水质水库 22 个，占 91.7%；Ⅳ类水质水库有 1 个，占 4.2%；无Ⅴ类水质水库；劣Ⅴ类水质水库有 1 个，占 4.2%（图 2.2-15）。

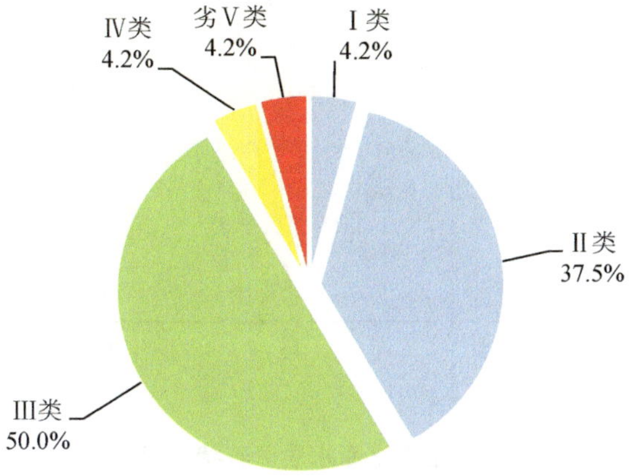

图 2.2-15 全省水库水质比例

在监测的 24 座大中型水库中，千鹤湖水质符合Ⅰ类标准；尖岗水库、故县水库、陆浑水库、昭平台水库、彰武水库、鸭河口水库、丹江口水库、南湾水库、薄山水库 9 座水库水质符合Ⅱ类标准；石漫滩水库、孤石滩水库、白龟山水库、窄口水库、三门峡水库、鲇鱼山水库、泼河水库、石山口水库、五岳水库、宋家场水库、板桥水库、小浪底水库 12 座水库水质符合Ⅲ类标准；白沙水库水质符合Ⅳ类标准（总磷、化学需氧量、氟化物为Ⅳ类，其他因子均符合Ⅲ类标准）；宿鸭湖水库水质属劣Ⅴ类标准（化学需氧量为Ⅳ类，总磷为劣Ⅴ类，其他因子均符合Ⅲ类标准）。

总氮单独评价时，石山口水库、五岳水库水质符合Ⅱ类标准；石漫滩水库、孤石滩水库、白龟山水库、昭平台水库、鲇鱼山水库、泼河水库、南湾水库、宋家场水库、板桥水库、薄山水库水质符合Ⅲ类标准；尖岗水库、白沙水库、丹江口水库、鸭河口水库水质符合Ⅳ类标准，陆浑水库、窄口水库水质符合Ⅴ类标准；故县水库、彰武水库、千鹤湖、三门峡水库、宿鸭湖水库、小浪底水库水质符合劣Ⅴ类标准。

丹江口水库陶岔取水口水质符合Ⅱ类标准，当总氮单独评价时符合Ⅳ类标准。

（2）富营养化评价

营养状态评价表明，全省水库为中营养状态。丹江口水库、千鹤湖、鸭河口水库、鲇鱼山水库、昭平台水库、南湾水库、石山口水库、小浪底水库、板桥水库、薄山水库、泼河水库、五岳水库、白龟山水库、故县水库、彰武水库、尖岗水库、窄口水库、宋家场水库、陆浑水库、石漫滩水库、孤石滩水库、三门峡水库22座水库属中营养状态，白沙水库属轻度富营养状态，宿鸭湖水库属中度富营养状态（图2.2-16和表2.2-7）。

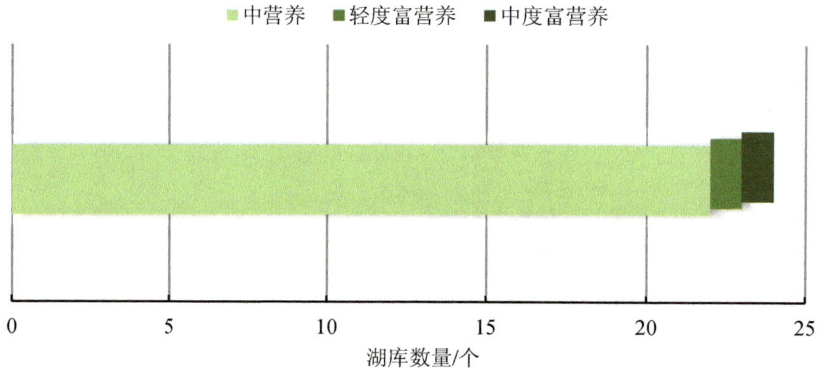

图2.2-16 全省水库水质营养状态评价

表2.2-7 2019年水库营养化状况评价结果

水库名称	水质类别	主要污染指标（超标倍数）	总氮类别	营养状态指数	营养状态
尖岗水库	Ⅱ		Ⅳ	42.1	中营养
白沙水库	Ⅳ	总磷（0.2）、化学需氧量（0.1）、氟化物（0.1）	Ⅳ	53.1	轻度富营养
故县水库	Ⅱ		劣Ⅴ	41.5	中营养
陆浑水库	Ⅱ		Ⅴ	45.2	中营养
石漫滩水库	Ⅲ		Ⅲ	46.7	中营养
孤石滩水库	Ⅲ		Ⅲ	48.1	中营养
白龟山水库	Ⅲ		Ⅲ	41.3	中营养
昭平台水库	Ⅱ		Ⅲ	38.0	中营养
彰武水库	Ⅱ		劣Ⅴ	41.9	中营养

水库名称	水质类别	主要污染指标（超标倍数）	总氮类别	营养状态指数	营养状态
千鹤湖	I		劣V	33.9	中营养
窄口水库	III		V	44.0	中营养
三门峡水库	III		劣V	48.8	中营养
鸭河口水库	II		IV	36.0	中营养
丹江口水库	II		IV	32.6	中营养
鲇鱼山水库	III		III	37.0	中营养
泼河水库	III		III	41.0	中营养
南湾水库	II		III	38.3	中营养
石山口水库	III		II	39.1	中营养
五岳水库	III		II	41.3	中营养
宋家场水库	III		III	44.1	中营养
板桥水库	III		III	40.3	中营养
宿鸭湖水库	劣V	总磷（4.8）、化学需氧量（0.1）	劣V	65.7	中度富营养
薄山水库	II		III	40.7	中营养
小浪底水库	III		劣V	39.1	中营养

（3）主要污染因子评价

全省水库 21 项评价因子中有 3 项因子出现超标情况（表 2.2-8）。

表 2.2-8　2019 年全省水库点位超标指标情况统计

指标	超标率/%	年均值范围/（mg/L）	年均值最高点位及超标倍数	
			年均值最高点位	超标倍数
总磷	8.3	0.005～0.29	宿鸭湖水库	4.8
化学需氧量	8.3	2.0～22.8	宿鸭湖水库	0.1
氟化物	4.2	0.16～1.06	白沙水库	0.1

2.2.2 对比分析

2.2.2.1 河流

与2018年相比，2019年全省地表水水质级别仍为轻度污染。淮河流域、海河流域、黄河流域水质仍为轻度污染，长江流域水质保持优（图2.2-17和表2.2-9）。

图2.2-17 省辖四大流域水质状况比较

表2.2-9 2019年与2018年水质变化情况比较

年份	淮河流域	海河流域	黄河流域	长江流域	全省
2019	轻度污染	轻度污染	轻度污染	优	轻度污染
2018	轻度污染	轻度污染	轻度污染	优	轻度污染

与2018年相比，Ⅰ～Ⅲ类水质断面增加4个，增加2.8个百分点；Ⅳ类水质断面增加5个，增加3.6个百分点；Ⅴ类水质断面减少9个，减少6.4个百分点；劣Ⅴ类水质断面减少1个，减少0.7个百分点；断流断面增加1个，增加0.7个百分点（表2.2-10）。

表2.2-10 2019年与2018年流域河段所属水质类别比例比较 单位：%

水质类别	年份	淮河流域	海河流域	黄河流域	长江流域	全省
Ⅰ～Ⅲ	2019年	55.0	40.0	70.7	95.0	63.1
	2018年	51.7	35.0	65.8	100	60.4
	与2018年比较	3.3	5.0	4.9	−5.0	2.8

水质类别	年份	淮河流域	海河流域	黄河流域	长江流域	全省
Ⅳ	2019 年	43.3	40.0	17.1	5.0	29.8
	2018 年	40.0	25.0	19.5	0	26.2
	与 2018 年比较	3.3	15.0	−2.4	5.0	3.6
Ⅴ	2019 年	0	15.0	4.9	0	3.6
	2018 年	6.7	40.0	4.9	0	9.9
	与 2018 年比较	−6.7	−25.0	0	0	−6.3
劣Ⅴ	2019 年	1.7	5.0	4.9	0	2.8
	2018 年	1.6	0	9.8	0	3.5
	与 2018 年比较	0.1	5.0	−4.9	0	−0.7
断流	2019 年	0	0	2.4	0	0.7
	2018 年	0	0	0	0	0
	与 2018 年比较	0	0	2.4	0	0.7

与 2018 年相比，2019 年全省河流主要污染因子五日生化需氧量、化学需氧量无明显变化，氨氮浓度有所下降（表 2.2-11）。

表 2.2-11 2019 年与 2018 年主要污染因子浓度年均值比较

年份	化学需氧量		五日生化需氧量		氨氮	
	年均值/（mg/L）	类别	年均值/（mg/L）	类别	年均值/（mg/L）	类别
2019 年	16.4	Ⅲ	2.4	Ⅰ	0.43	Ⅱ
2018 年	16.9	Ⅲ	2.4	Ⅰ	0.50	Ⅱ
与 2018 年比较	−3.0%	—	0.0	—	−14.0%	—

（1）淮河流域

① 断面水质类别评价

与 2018 年相比，在 2019 年监测的 60 个断面中，Ⅰ～Ⅲ类水质断面增加 2 个，增加 3.3 个百分点；Ⅳ类水质断面增加 2 个，增加 3.3 个百分点；Ⅴ类水质断面减少 4 个，减少 6.7 个百分点；劣Ⅴ类水质断面基本持平。

② 河流污染程度评价

与 2018 年相比，淮河流域水质级别仍为轻度污染。

18 条河流水质无明显变化：史河、澧河、北汝河、臻头河水质级别保持优，灌河、史灌河、浉河、涡河、贾鲁河、汝河水质级别保持良好，颍河、洪河、黑茨河、浍河、双洎河、大沙河、包河、沱河水质级别仍为轻度污染；8 条河流水质好转：淮河干流、滚河、竹竿河水质级别由良好变为优，白露河、汾河、泉河水质级别由轻度污染变为良好，黑河水质级别由中度污染变为良好，惠济河水质级别由重度污染变为中度污染；3 条河流水质变差：沙河水质级别由优变为良好，清潩河、潢河水质级别由良好变为轻度污染（表 2.2-12 和图 2.2-18）。

表 2.2-12　2019 年与 2018 年省辖淮河流域水质比较

河流名称	河流水质级别		河流名称	河流水质级别	
	2019 年	2018 年		2019 年	2018 年
淮河干流	优	良好	澧河	优	优
浉河	良好	良好	清潩河	轻度污染	良好
竹竿河	优	良好	贾鲁河	良好	良好
潢河	轻度污染	良好	双洎河	轻度污染	轻度污染
白露河	良好	轻度污染	黑河	良好	中度污染
史灌河	良好	良好	汾河	良好	轻度污染
史河	优	优	泉河	良好	轻度污染
灌河	良好	良好	黑茨河	轻度污染	轻度污染
滚河	优	良好	涡河	良好	良好
洪河	轻度污染	轻度污染	惠济河	中度污染	重度污染
汝河	良好	良好	大沙河	轻度污染	轻度污染
臻头河	优	优	浍河	轻度污染	轻度污染
颍河	轻度污染	轻度污染	包河	轻度污染	轻度污染
沙河	良好	优	沱河	轻度污染	轻度污染
北汝河	优	优			

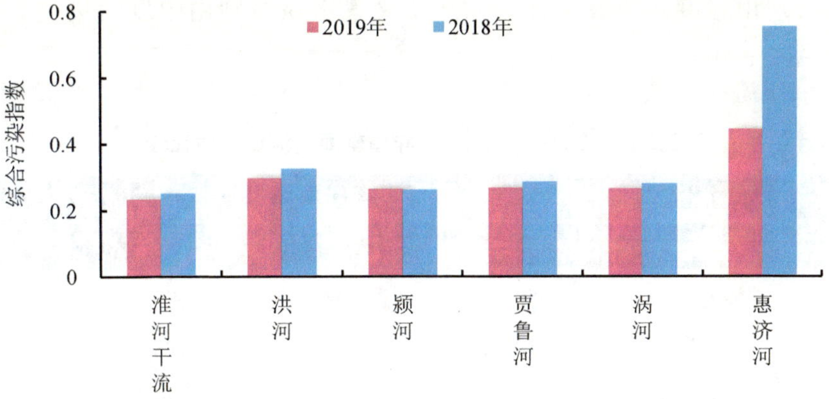

图 2.2-18　省辖淮河流域主要河流污染程度比较

③ 主要污染因子评价

与 2018 年相比，2019 年主要污染因子化学需氧量、氟化物无明显变化，五日生化需氧量有所下降（表 2.2-13）。

表 2.2-13　2019 年与 2018 年省辖淮河流域主要污染因子浓度年均值比较

年份	化学需氧量		氟化物		五日生化需氧量	
	年均值/（mg/L）	类别	年均值/（mg/L）	类别	年均值/（mg/L）	类别
2019 年	18.0	III	0.63	I	2.5	I
2018 年	18.4	III	0.62	I	2.8	I
与 2018 年比较	−2.2%	—	1.6%	—	−10.7%	—

（2）海河流域

① 断面水质类别评价

与 2018 年相比，在 2019 年监测的 20 个断面中，Ⅰ～Ⅲ类水质断面增加 1 个，增加 5.0 个百分点；Ⅳ类水质断面增加 3 个，增加 15.0 个百分点；Ⅴ类水质断面减少 5 个，减少 25.0 个百分点；劣Ⅴ类水质断面增加 1 个，增加 5.0 个百分点。

② 河流污染程度评价

与 2018 年相比，2019 年海河流域的水质级别仍为轻度污染。

8 条河流水质无明显变化：淇河、露水河、淅河水质级别保持优，人民胜利渠、马颊河水质级别保持良好，大沙河、卫河、汤河水质级别仍为轻度污染；2 条河流水质好转：

安阳河水质级别由轻度污染变为优，共产主义渠水质级别由中度污染变为轻度污染（表 2.2-14 和图 2.2-19）。

表 2.2-14 2019 年与 2018 年省辖海河流域水质比较

河流名称	河流水质级别		河流名称	河流水质级别	
	2019 年	2018 年		2019 年	2018 年
大沙河	轻度污染	轻度污染	露水河	优	优
卫河	轻度污染	轻度污染	安阳河	优	轻度污染
共产主义渠	轻度污染	中度污染	汤河	轻度污染	轻度污染
人民胜利渠	良好	良好	淅河	优	优
淇河	优	优	马颊河	良好	良好

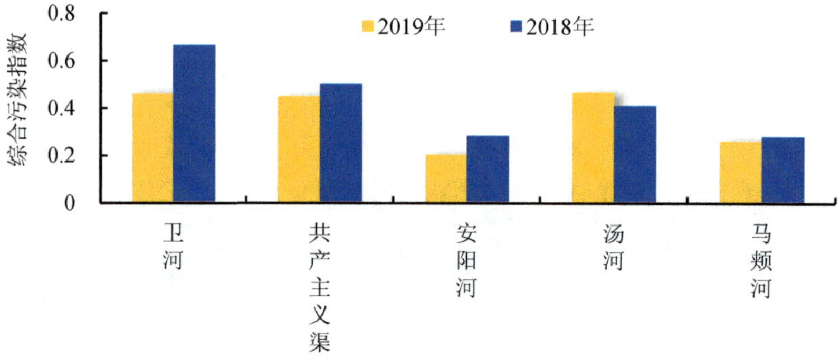

图 2.2-19 省辖海河流域主要河流污染程度比较

③ 主要污染因子评价

与 2018 年相比，主要污染因子挥发酚浓度明显下降，化学需氧量无明显变化，高锰酸盐指数有所升高（表 2.2-15）。

表 2.2-15 2019 年与 2018 年省辖海河流域主要污染因子浓度年均值比较

年份	化学需氧量		挥发酚		高锰酸盐指数	
	年均值/（mg/L）	类别	年均值/（mg/L）	类别	年均值/（mg/L）	类别
2019 年	16.2	III	0.003 2	III	4.2	III
2018 年	17.2	III	0.007 7	IV	3.8	II
与 2018 年比较	−5.8%	—	−58.4%	—	10.5%	—

（3）黄河流域

① 断面水质类别评价

与 2018 年相比，在 2019 年监测的 41 个断面中，Ⅰ～Ⅲ类水质断面增加 2 个，增加 4.9 个百分点；Ⅳ类水质断面减少 1 个，减少 2.4 个百分点；Ⅴ类水质断面持平；劣Ⅴ类水质断面减少 2 个，减少 4.9 个百分点；断流断面增加 1 个，增加 2.4 个百分点。

② 河流污染程度评价

与 2018 年相比，2019 年黄河流域的水质级别仍为轻度污染。

14 条河流水质无明显变化：黄河干流、宏农涧河、青龙涧河、枣香河、文峪河、洛河、伊河、沁河、丹河水质级别保持优，伊洛河、黄庄河水质级别保持良好，涧河、西柳青河仍为轻度污染，汜水河水质级别仍为重度污染；5 条河流水质好转：蟒河水质级别由良好变为优，天然渠、文岩渠水质级别由轻度污染变为优，阳平河水质级别由中度污染变为轻度污染，金堤河水质级别由重度污染变为中度污染；1 条河流水质变差：天然文岩渠水质级别由良好变为轻度污染（表 2.2-16 和图 2.2-20）。

表 2.2-16　2019 年与 2018 年省辖黄河流域水质比较

河流名称	河流水质级别		河流名称	河流水质级别	
	2019 年	2018 年		2019 年	2018 年
黄河干流	优	优	伊河	优	优
宏农涧河	优	优	沁河	优	优
青龙涧河	优	优	丹河	优	优
阳平河	轻度污染	中度污染	蟒河	优	良好
枣香河	优	优	天然文岩渠	轻度污染	良好
文峪河	优	优	天然渠	优	轻度污染
涧河	轻度污染	轻度污染	文岩渠	优	轻度污染
伊洛河	良好	良好	金堤河	中度污染	重度污染
汜水河	重度污染	重度污染	黄庄河	良好	良好
洛河	优	优	西柳青河	轻度污染	轻度污染

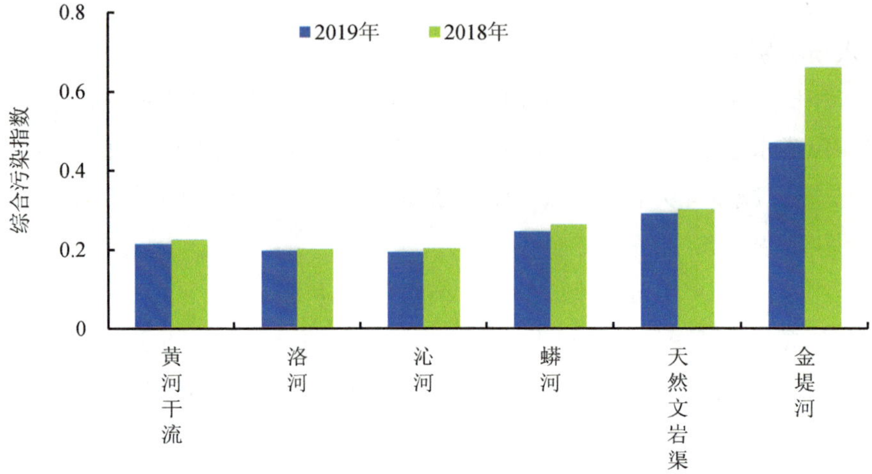

图 2.2-20　省辖黄河流域主要河流污染程度比较

③ 主要污染因子评价

与 2018 年相比，2019 年主要污染因子化学需氧量、五日生化需氧量无明显变化，总磷浓度有所下降（表 2.2-17）。

表 2.2-17　2019 年与 2018 年省辖黄河流域主要污染因子浓度年均值比较

年份	化学需氧量		五日生化需氧量		总磷	
	年均值/（mg/L）	类别	年均值/（mg/L）	类别	年均值/（mg/L）	类别
2019 年	15.5	III	2.2	I	0.094	II
2018 年	16.5	III	2.2	I	0.115	III
与 2018 年比较	−6.1%	—	0	—	−18.3%	—

（4）长江流域

① 断面水质类别评价

与 2018 年相比，在 2019 年监测的 20 个断面中，Ⅰ～Ⅲ类水质断面减少 1 个，减少 5.0 个百分点；Ⅳ类水质断面增加 1 个，增加 5.0 个百分点。

② 河流污染程度评价

与 2018 年相比，2019 年长江流域的水质级别继续保持优（表 2.2-18 和图 2.1-21）。

表 2.2-18　2019 年与 2018 年省辖长江流域水质比较

河流名称	河流水质级别		河流名称	河流水质级别	
	2019 年	2018 年		2019 年	2018 年
丹江	优	优	蛇尾河	优	优
淇河	优	优	白河	良好	良好
老灌河	优	优	唐河	良好	良好
丁河	优	优	湍河	良好	优

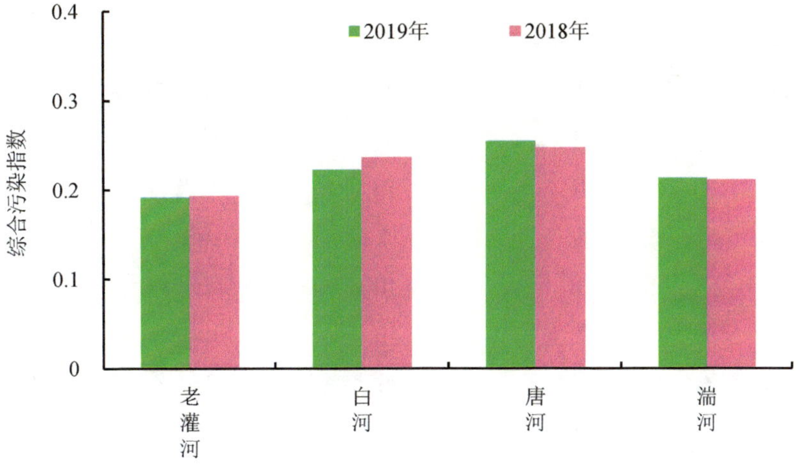

图 2.2-21　省辖长江流域主要河流污染程度比较

7 条河流水质无明显变化：丹江、淇河、老灌河、丁河、蛇尾河水质级别保持优，白河、唐河水质级别保持良好；1 条河流水质变差：湍河水质级别由优变为良好。

③ 主要污染因子评价

与 2018 年相比，2019 年主要污染因子氨氮浓度年均值仍保持Ⅱ类。

2.2.2.2　水库

与 2018 年相比，2019 年水库水质基本稳定。1 座水库水质好转：彰武水库由Ⅲ类变为Ⅱ类，4 座水库水质变差：泼河水库、鲇鱼山水库、板桥水库、白龟山水库由Ⅱ类变为Ⅲ类，其他 19 座水库水质无明显变化（表 2.2-19）。

表 2.2-19 2019 年与 2018 年水库营养化状况比较

水库名称	类别		营养状态	
	2019 年	2018 年	2019 年	2018 年
尖岗水库	II	II	中营养	中营养
白沙水库	IV	IV	轻度富营养	中营养
故县水库	II	II	中营养	中营养
陆浑水库	II	II	中营养	中营养
石漫滩水库	III	III	中营养	中营养
孤石滩水库	III	III	中营养	中营养
白龟山水库	III	II	中营养	中营养
昭平台水库	II	II	中营养	中营养
彰武水库	II	III	中营养	中营养
千鹤湖	I	I	中营养	中营养
窄口水库	III	III	中营养	中营养
三门峡水库	III	III	中营养	轻度富营养
鸭河口水库	II	II	中营养	中营养
丹江口水库	II	II	中营养	中营养
鲇鱼山水库	III	II	中营养	中营养
泼河水库	III	II	中营养	中营养
南湾水库	II	II	中营养	中营养
石山口水库	III	III	中营养	中营养
五岳水库	III	III	中营养	中营养
宋家场水库	III	III	中营养	中营养
板桥水库	III	II	中营养	中营养
宿鸭湖水库	劣V	劣V	中度富营养	中度富营养
薄山水库	II	II	中营养	中营养
小浪底水库	III	III	中营养	中营养

与 2018 年相比，I～III类、IV类、V类、劣V类水质水库无变化。

南水北调中线工程水源地丹江口水库陶岔水质符合II类标准，总氮单独评价时符合

Ⅳ类标准。

全省水库营养化水平基本稳定。三门峡水库由轻度富营养变为中营养，白沙水库由中营养变为轻度富营养，其他水库营养化状态保持不变。

2.2.3　原因分析

2019 年，河南省水污染防治攻坚工作持续贯彻习近平生态文明思想，认真落实习近平总书记在黄河流域生态保护和高质量发展座谈会上的讲话精神，全面推进省委、省政府关于水污染防治攻坚战的各项决策部署，以改善环境质量为核心，以“节水优先、空间均衡、系统治理、两手发力”为治水思路，加强领导，压实责任，多措并举，突出重点，克难攻坚，不断改善河南省的水环境质量。

为持续改善水环境质量，河南省修订了《河南省水污染防治条例》，出台了《农村生活污水处理设施水污染物排放标准》（DB 41/1820—2019），实施了水环境月生态补偿制度、水质月排名制度、水污染联防联控制度、水质预警反应机制制度等；省政府领导多次深入一线指导，督办重点、难点问题，省人大常委会开展水污染防治“一法一条例”执法检查，省政协开展水污染防治专项调研和专题协商，省攻坚办对重点任务周调度、月分析、定期通报、年度考核；省直各有关部门结合职责强化督导、帮扶，推动建设了城镇污水处理设施、河道综合整治、黑臭水体治理、集中式饮用水水源环境整治、入河排污口整治等治污工程项目，进一步减少污染物排放量。

2.2.3.1　持续加强组织领导

河南省成立了省委书记和省长牵头的省污染防治攻坚战领导小组，建立了省市县乡村五级河长组织体系，构建了“党政同责、一岗双责、失职追责”和“三管三必须”的环保责任落实机制，明确了各级各部门职责分工。

2.2.3.2　统筹谋划顶层设计

省委书记、省长出席了生态环保大会，省政府先后出台了《关于全面加强生态环境保护坚决打好污染防治攻坚战的实施意见》《河南省污染防治攻坚战三年行动计划（2018—2020 年）》《河南省流域水污染防治规划（2016—2020 年）》，加严了河南省目标任务，同各省辖市签订了目标责任书，制定了水污染防治攻坚考核办法，明确了水污染防治路线图、时间表和任务书。

2.2.3.3　不断完善法规标准制度

河南省坚持依法治污，加快推动水污染防治地方立法、标准制定，不断完善各项制度。结合河南省实际情况，修订并发布了《河南省水污染防治条例》；先后实施了贾鲁河、清潩河、海河、惠济河、洪汝河、涧河、蟒沁河等流域的地方水污染物排放标准，《农村生活污水处理设施水污染物排放标准》（DB 41/1820—2109）于 2019 年 6 月发布，2019 年 7 月 1 日起实施；进一步完善了水环境生态补偿制度，实现按月扣缴，2019 年 1—11 月，全省支偿 9 176 万元，得补 7 712 万元；开展了地表水环境质量月排名，对排名靠后的进行警示、通报批评和约谈；建立了省级环保督察制度，实现了省级督察全覆盖。

2.2.3.4 完善工作推进机制

一是高位推动。省人大常委会开展水污染防治“一法一条例”执法检查，督促解决各类水环境问题；省政协开展水污染防治协商，多角度推动水污染防治工作；省政府领导多次深入一线，现场解决突出水环境问题，并对水环境问题较大的南阳、信阳 2 市政府主要负责同志及郑州、安阳、焦作、许昌 4 市政府分管负责同志进行工作提醒约谈。二是加强督办。对卫河挥发酚超标，三里河、漯河、驻马店上下游纠纷，汾河拦河筑坝等问题进行现场督办并持续跟踪问效，尽快恢复水质。三是化解风险。组织各地防范枯水期和汛期水环境风险，特别是针对年初惠济河跨省界污染隐患，组织开封、商丘、鹿邑采取污水分流、跨行政区域调水、临时处置等措施，有效化解跨省界污染隐患。

2.2.3.5 全面推进各项工作

河南省把河长制、四水同治、百城提质、改善农村人居环境同水污染防治攻坚有机结合起来，统筹推进水污染防治、水资源管理和水生态修复与保护。围绕改善水环境质量核心工作，以推进治污工程为基础，从根本上减少水污染物排放量；以水质预警平台为依托，及时发现水质超标的潜在风险，及时采取有效措施，充分发挥各级、各部门的作用，多角度、多方面助推水环境质量持续改善。

全面推进河南省黑臭水体整治和污水处理设施建设工作。省辖市建成区 150 处黑臭水体中，基本消除黑臭的有 135 处；县级城市建成区 174 处黑臭水体中，基本消除黑臭的 131 处，城市水环境质量明显改善。目前，全省建成投运城镇污水处理厂共 230 座，日处理能力 1 144.75 万 m^3；2019 年新建的 91 个污水处理厂及污水管网建设等重点工程项目中，建成 22 个，在建 66 个。推动城区重污染行业搬迁关闭工作，淘汰落后工艺和设备，引导新建工业企业入园入区，183 个省级产业集聚区基本建成污水集中处理设施；严格环境准入，落实排污许可制度，严管工业企业和污水处理厂达标排放；持续实施河流清洁行动，开展入河排污口和河道综合整治，2019 年整治的 331 个入河排污口中，已完成整治 326 个，占比 98.5%，其余都正在整治。保障河流生态流量，逐步恢复河流生态；强力推进农村人居环境改善，治理农村垃圾，以县级行政区域为单元，编制农村污水治理专项规划，并推进统一建设、统一运行和统一管理；治理畜禽养殖等面源污染。

2.3 城市地下水质量

2.3.1 现状评价

2.3.1.1 单因子评价

（1）有机类

耗氧量浓度年均值为 0.25～3.90 mg/L。84.5%的井位年均值达到Ⅰ类标准，12.7%的井位年均值达到Ⅱ类标准，1.8%的井位年均值达到Ⅲ类标准，0.9%的井位年均值达到Ⅳ类标准。

挥发酚浓度年均值为 0.000 15～0.001 50 mg/L。92.7%的井位年均值达到Ⅰ类标准，7.3%的井位年均值达到Ⅲ类标准。

（2）非金属无机类

氯化物浓度年均值为 8.8～429.0 mg/L。49.1%的井位年均值达到Ⅰ类标准，43.6%的井位年均值达到Ⅱ类标准，4.5%的井位年均值达到Ⅲ类标准，1.8%的井位年均值达到Ⅳ类标准，Ⅳ类井出现在开封、濮阳，0.9%的井位年均值达到Ⅴ类标准，Ⅴ类井出现在濮阳。

硫酸盐浓度年均值为 15.4～322.0 mg/L。23.6%的井位年均值达到Ⅰ类标准，62.7%的井位年均值达到Ⅱ类标准，10.0%的井位年均值达到Ⅲ类标准，3.6%的井位年均值达到Ⅳ类标准，Ⅳ类井出现在新乡、焦作。

氨氮浓度年均值为 0.012 5～0.295 0 mg/L。45.5%的井位年均值达到Ⅰ类标准，42.7%的井位年均值达到Ⅱ类标准，11.8%的井位年均值达到Ⅲ类标准。

硝酸盐浓度年均值为 0.010～25.050 mg/L。42.7%的井位年均值达到Ⅰ类标准，15.5%的井位年均值达到Ⅱ类标准，40.0%的井位年均值达到Ⅲ类标准，1.8%的井位年均值达到Ⅳ类标准，Ⅳ类井出现在洛阳、平顶山。

亚硝酸盐浓度年均值为 0.001 5～0.104 0 mg/L。86.4%的井位年均值达到Ⅰ类标准，12.7%的井位年均值达到Ⅱ类标准，0.9%的井位年均值达到Ⅲ类标准。

氰化物浓度年均值为 0.001～0.002 mg/L。14.5%的井位年均值达到Ⅰ类标准，85.5%的井位年均值达到Ⅱ类标准。

氟化物浓度年均值为 0.113～1.860 mg/L。92.7%的井位年均值达到Ⅰ类标准，7.3%的井位年均值达到Ⅳ类标准，Ⅳ类井出现在开封、商丘。

砷浓度年均值为 0.000 150～0.006 120 mg/L。76.4%的井位年均值达到Ⅰ类标准，23.6%

的井位年均值达到Ⅲ类标准。

（3）金属类

总硬度年均值为 35.6～738.0 mg/L。17.3%的井位年均值达到Ⅰ类标准，26.4%的井位年均值达到Ⅱ类标准，42.7%的井位年均值达到Ⅲ类标准，10.0%的井位年均值达到Ⅳ类标准，Ⅳ类井出现在平顶山、安阳、新乡、濮阳、信阳、驻马店、济源，3.6%的井位年均值达到Ⅴ类标准，Ⅴ类井出现在开封、安阳、濮阳。

锰浓度年均值为 0.000 1～2.115 0 mg/L。86.4%的井位年均值达到Ⅰ类标准，2.7%的井位年均值达到Ⅲ类标准，10.0%的井位年均值达到Ⅳ类标准，Ⅳ类井出现在郑州、开封、濮阳、信阳、驻马店，0.9%的井位年均值达到Ⅴ类标准，Ⅴ类井出现在信阳。

铁浓度年均值为 0.000 4～0.600 0 mg/L。91.8%的井位年均值达到Ⅰ类标准，7.3%的井位年均值达到Ⅱ类标准，0.9%的井位年均值达到Ⅳ类标准，Ⅳ类井出现在驻马店。

铅浓度年均值为 0.000 05～0.003 03 mg/L。各井位的年均值均达到Ⅰ类标准。

镉浓度年均值为 0.000 03～0.001 27 mg/L。60.0%的井位年均值达到Ⅰ类标准，39.1%的井位年均值达到Ⅱ类标准，0.9%的井位年均值达到Ⅲ类标准。

汞浓度年均值为 0.000 005～0.000 125 mg/L。99.1%的井位年均值达到Ⅰ类标准，0.9%的井位年均值达到Ⅲ类标准。

铬（六价）浓度年均值为 0.002～0.018 mg/L。97.3%的井位年均值达到Ⅰ类标准，0.9%的井位年均值达到Ⅱ类标准，1.8%的井位年均值达到Ⅲ类标准。

（4）其他

感官性较好，pH 范围为 6.53～8.40。

溶解性总固体浓度年均值为 234～1 555 mg/L。6.4%的井位年均值达到Ⅰ类标准，40.9%的井位年均值达到Ⅱ类标准，50.0%的井位年均值达到Ⅲ类标准，2.7%的井位年均值达到Ⅳ类标准，Ⅳ类井出现在安阳、濮阳。

总大肠菌群浓度年均值为 0.5～439.4 个/L。91.8%的井位年均值达到Ⅰ类标准，5.5%的井位年均值达到Ⅳ类标准，Ⅳ类井出现在安阳、信阳、驻马店，2.7%的井位年均值达到Ⅴ类标准，Ⅴ类井出现在信阳。

2.3.1.2 综合评价

（1）按井位评价

2019 年，河南省城市地下水单井水质评价结果见图 2.3-1。全省监控井位中水质级别为优的井位占 10.0%，为良好的井位占 58.2%，为较差的井位占 31.8%。

鹤壁、许昌、漯河、三门峡、南阳、周口 6 个城市水质级别为优、良好的井位达到 100%；郑州、焦作、洛阳 3 个城市水质级别为优、良好的井位超过 80.0%；济源、平顶山水质级别为优、良好的井位超过 70.0%；驻马店水质级别为较差的井位比例为 37.5%，新乡水质级别为较差的井位比例为 50.0%，安阳水质级别为较差的井位比例为 57.1%，开封水质级别为较差的井位比例为 62.5%，信阳水质级别为较差的井位比例为 80.0%，濮阳水质级别为较差的井位比例为 85.7%，商丘水质级别为较差的井位比例为 100%。

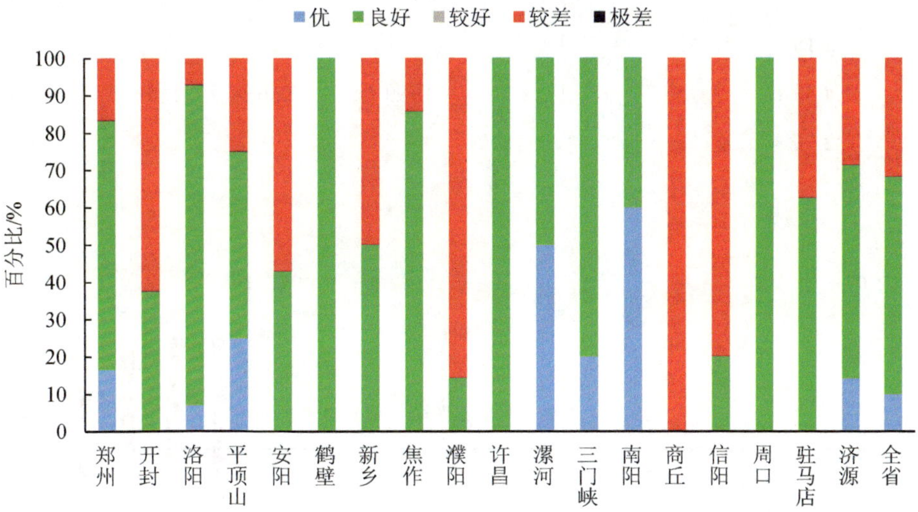

图 2.3-1 2019 年城市地下水单井水质

（2）城市综合定性评价

2019 年，河南省城市地下水质量为较好。漯河、南阳、鹤壁、许昌、周口、三门峡、郑州、平顶山、济源、洛阳、焦作、新乡、驻马店 13 个城市地下水水质级别为良好，安阳、信阳、开封、商丘、濮阳 5 个城市地下水水质级别为较差，其中，开封除氟化物为Ⅳ类外，其他因子都符合Ⅲ类标准；安阳除总硬度、总大肠菌群为Ⅳ类以外，其他因子都符合Ⅲ类标准；濮阳除总硬度、锰为Ⅳ类以外，其他因子都符合Ⅲ类标准；商丘除氟化物为Ⅳ类以外，其他因子都符合Ⅲ类标准；信阳除总大肠菌群、锰为Ⅳ类以外，其他因子都符合Ⅲ类标准（表 2.3-1 和图 2.3-2）。

表 2.3-1 2018 年城市地下水水质定性评价结果

城市名称	*F* 值	级别	总大肠菌群	城市名称	*F* 值	级别	总大肠菌群
郑州	2.16	良好	Ⅰ	许昌	2.14	良好	Ⅰ
开封	4.31	较差	Ⅰ	漯河	2.13	良好	Ⅰ
洛阳	2.18	良好	Ⅰ	三门峡	2.15	良好	Ⅰ

城市名称	F值	级别	总大肠菌群	城市名称	F值	级别	总大肠菌群
平顶山	2.16	良好	Ⅰ	南阳	2.13	良好	Ⅰ
安阳	4.29	较差	Ⅳ	商丘	4.31	较差	Ⅰ
鹤壁	2.14	良好	Ⅰ	信阳	4.29	较差	Ⅳ
新乡	2.20	良好	Ⅰ	周口	2.14	良好	Ⅰ
焦作	2.18	良好	Ⅰ	驻马店	2.22	良好	Ⅰ
濮阳	4.33	较差	Ⅰ	济源	2.16	良好	Ⅰ
全省	2.76	较好	Ⅳ				

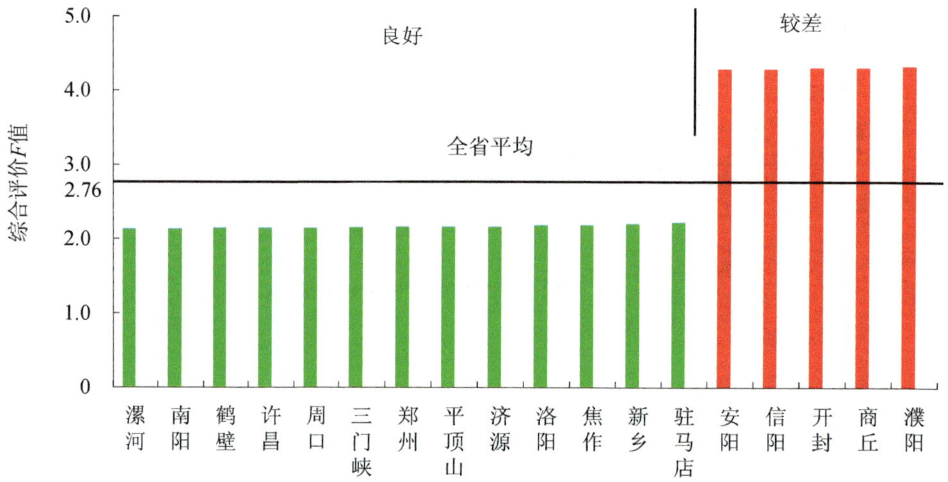

图 2.3-2 2019年城市地下水环境质量综合评价 F 分值排序

2.3.1.3 污染特征

河南省城市地下水的首要污染物为总硬度，其次是总大肠菌群（图 2.3-3）。总大肠菌群污染较重，污染负荷占 12.4%，其中，中、深层水中总大肠菌群含量较高，平均为 20.94 个/L，且超地下水III类标准比率为 9.4%；浅层水总大肠菌群含量平均为 3.12 个/L，超地下水III类标准比率为 7.0%（表 2.3-2）；氟化物超标现象主要出现在开封、商丘等市，这些地区的地质和环境水文地质条件属于原生性高含量地带。

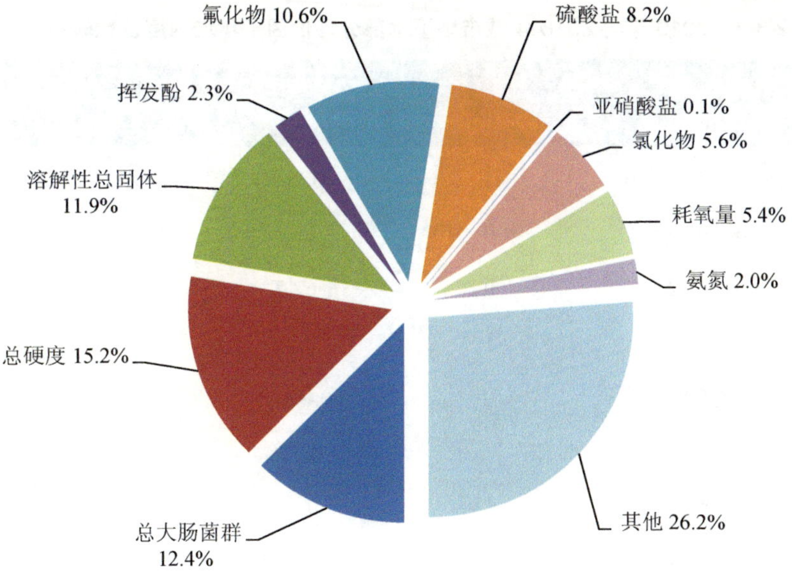

图 2.3-3 2019 年城市地下水主要污染因子污染负荷分布

表 2.3-2 总大肠菌群指标空间分布情况

井深分类	超标井数/个	总井数/个	超标率/%	平均浓度/（个/L）
浅层水	4	57	7.0	3.12
中、深层水	5	53	9.4	20.94

平顶山、安阳、信阳 3 市地下水中的总大肠菌群污染程度仍保持在Ⅳ类；开封市地下水中氟化物污染程度仍保持在Ⅳ类、濮阳市地下水中锰污染程度仍保持在Ⅳ类、商丘市地下水中氟化物污染程度仍保持在Ⅳ类和信阳市地下水中锰污染程度仍保持在Ⅳ类。其他因子基本稳定在Ⅲ类标准之内。

2.3.2 对比分析

2.3.2.1 单项因子类别对比

与 2018 年相比，2019 年河南省城市地下水质量基本稳定，各评价因子的年均值水质类别除硝酸盐变差以外，其他均无变化（表 2.3-3）。

表 2.3-3 2019 年与 2018 年城市地下水部分评价因子年均浓度值比较

项目	2019 年年均浓度/（mg/L）	2019 年水质类别	2018 年年均浓度/（mg/L）	2018 年水质类别	水质类别变化情况
总硬度	325.9	III	323.1	III	无
硫酸盐	97.6	II	96.1	II	无
氯化物	67.2	II	62.7	II	无
耗氧量	0.77	I	0.79	I	无
氨氮	0.047 2	II	0.066 2	II	无
氟化物	0.507	I	0.526	I	无
总大肠菌群	1.8 个/L	I	2.0 个/L	I	无
亚硝酸盐	0.006 7	I	0.004 5	I	无
硝酸盐	5.046	III	4.614	II	变差
挥发酚	0.000 22	I	0.000 17	I	无
氰化物	0.002	II	0.002	II	无
砷	0.000 814	I	0.000 936	I	无
汞	0.000 027	I	0.000 025	I	无
铬（六价）	0.002	I	0.002	I	无
铅	0.000 73	I	0.000 66	I	无
镉	0.000 14	II	0.000 12	II	无
铁	0.024 3	I	0.032 2	I	无
锰	0.062 3	III	0.064 8	III	无
溶解性总固体	566	III	563	III	无

2.3.2.2 井位级别对比

与 2018 年相比，2019 年河南省地下水优、良好井位比例减少 2 个百分点。开封地下水优、良好井位增加 4.2 个百分点；驻马店、郑州、济源、安阳地下水优、良好井位分别减少 37.5 个百分点、16.7 个百分点、14.3 个百分点、14.2 个百分点（表 2.3-4 和图 2.3-4）。

表 2.3-4 2019 年与 2018 年城市地下水水质优、良好井位比例比较

城市名称	2019 年		2018 年		变化/%
	总井数/个	优、良好井位比例/%	总井数/个	优、良好井位比例/%	
郑州	6	83.3	6	100	−16.7
开封	8	37.5	9	33.3	4.2
洛阳	14	92.9	14	92.9	0
平顶山	4	75.0	4	75.0	0
安阳	7	42.9	7	57.1	−14.2
鹤壁	2	100	2	100	0
新乡	6	50.0	8	50.0	0
焦作	7	85.7	7	85.7	0
濮阳	7	14.3	7	14.3	0
许昌	1	100	1	100	0
漯河	6	100	6	100	0
三门峡	5	100	5	100	0
南阳	5	100	5	100	0
商丘	4	0	4	0	0
信阳	5	20.0	5	20.0	0
周口	8	100	5	100	0
驻马店	8	62.5	2	100	−37.5
济源	7	71.4	7	85.7	−14.3
全省	110	68.2	104	70.2	−2.0

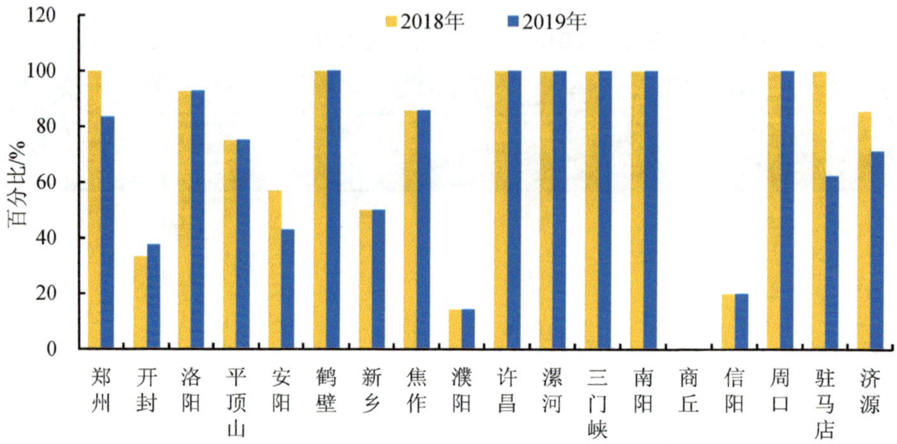

图 2.3-4　2019 年与 2018 年城市地下水水质优、良好井位比例比较

2.3.2.3　城市水质级别对比

与 2018 年相比，2019 年河南省城市地下水水质污染程度有所加重，水质级别为较好。鹤壁、许昌、南阳、周口由优变良好，安阳由良好变较差，其他 13 个省辖市地下水水质均无变化（表 2.3-5 和图 2.3-5）。

表 2.3-5　2019 年与 2018 城市地下水水质综合评价比较

城市名称	2019 年		2018 年		与 2018 年相比	
	F 值	级别	*F* 值	级别	增值	幅度/%
郑州	2.16	良好	2.16	良好	0	0
开封	4.31	较差	4.30	较差	0.01	0.2
洛阳	2.18	良好	2.18	良好	0	0
平顶山	2.16	良好	2.16	良好	0	0
安阳	4.29	较差	2.18	良好	2.11	97
鹤壁	2.14	良好	0.72	优	1.42	197
新乡	2.20	良好	2.21	良好	−0.01	−0.4
焦作	2.18	良好	2.16	良好	0.02	1
濮阳	4.33	较差	4.30	较差	0.03	1
许昌	2.14	良好	0.72	优	1.42	197
漯河	2.13	良好	2.14	良好	−0.01	−0.5

城市名称	2019 年		2018 年		与 2018 年相比	
	F 值	级别	*F* 值	级别	增值	幅度/%
三门峡	2.15	良好	2.14	良好	0.01	0.5
南阳	2.13	良好	0.71	优	1.42	200
商丘	4.31	较差	4.33	较差	−0.02	−0.5
信阳	4.29	较差	4.30	较差	−0.01	−0.2
周口	2.14	良好	0.74	优	1.40	189
驻马店	2.22	良好	2.14	良好	0.08	4
济源	2.16	良好	2.16	良好	0	0
全省	2.76	较好	2.32	良好	0.44	19

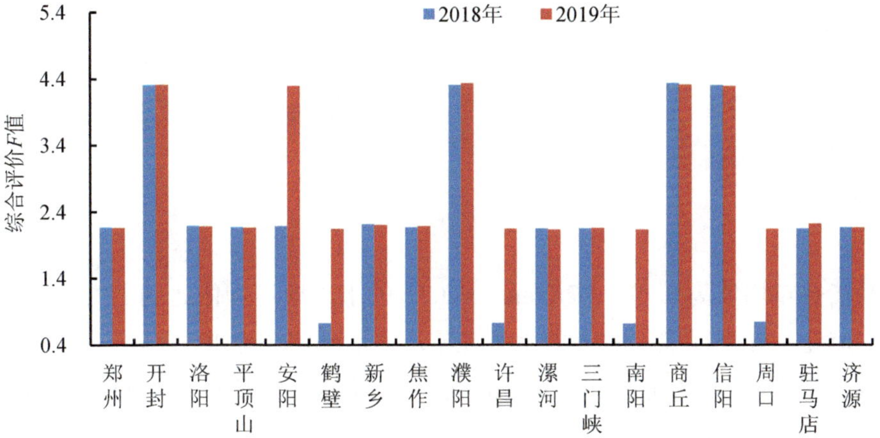

图 2.3-5 2019 年与 2018 年城市地下水水质综合评价比较

2.3.3 原因分析

河南省 18 个省辖市中，安阳、信阳、开封、商丘、濮阳 5 个城市地下水水质级别为较差，主要是因为开封氟化物为Ⅳ类，安阳总硬度为Ⅳ类、总大肠菌群为Ⅳ类，濮阳总硬度为Ⅳ类、锰为Ⅳ类，商丘氟化物为Ⅳ类，信阳总大肠菌群为Ⅳ类、锰为Ⅳ类。

开封、商丘 2 市的地貌特征主要为黄河冲积平原，由于黄河冲积层掩埋了黄泛前的洼地、盐碱地而形成了目前看似平坦的掩埋地貌。在掩埋洼地，由于富含碳酸氢钠的盐碱土被埋于地下，促使地下水碱化程度增强，形成强碱化水化学环境。地下水中的氟化物主要来源岩石与土层中，流域内岩石、土层中氟化物质量比地下水中的氟质量浓度高出许多甚至几个数量级，而掩埋型洼地又适于水中氟富集，因此，在岩石风化过程中，部分氟化物被地下水所溶解，导致氟化物质量浓度增高，最终形成这 2 个地区的高氟地下水分布，造成氟化物超标。

地下水中的锰来源通常是由于岩石和矿物中锰的氧化物、硫化物、碳酸盐、硅酸盐等溶解于水所致。在缺氧的还原环境中，能被还原为二价锰而溶解于含碳酸盐的水中。此外，在富含有机物的水中，还可能存在有机锰。濮阳、信阳 2 市地下水中锰的超标，除与当地地貌特征有关外，还与地下水含水介质与其上覆岩土成分、地下水的径流条件、矿化度及其有机质含量等有关。

2.4 集中式饮用水水源地水质

2.4.1 现状评价

2.4.1.1 地表水水源地

（1）省辖市

① 单项因子评价

有机类

高锰酸盐指数年均值为 0.79～4.26 mg/L。33.3%的水源地年均值达到Ⅰ类标准，60.0%的水源地年均值达到Ⅱ类标准，6.7%的水源地年均值达到Ⅲ类标准。

挥发酚浓度年均值为 0.000 2～0.000 5 mg/L；石油类浓度年均值为 0.005～0.019 mg/L。水源地年均值均达到Ⅰ类标准。

五日生化需氧量年均值为 0.25～3.57 mg/L。全省 93.3%的水源地年均值达到Ⅰ类标准，6.7%的水源地年均值达到Ⅲ类标准。

非金属无机类

氨氮浓度年均值为 0.015～0.231 mg/L。73.3%的水源地年均值达到Ⅰ类标准，26.7%的水源地年均值达到Ⅱ类标准。

总磷浓度年均值为 0.005～0.052 mg/L。46.6%的水源地年均值达到Ⅰ类标准，46.7%的水源地年均值达到Ⅱ类标准，6.7%的水源地年均值达到Ⅲ类标准。

硝酸盐浓度年均值为 0.20～4.23 mg/L；氯化物浓度年均值为 4.3～113.9 mg/L；硫酸盐浓度年均值为 18.1～194.5 mg/L。水源地年均值均低于标准限值。

氰化物浓度年均值为 0.002～0.007 mg/L。93.3%的水源地年均值达到Ⅰ类标准，6.7%的水源地年均值达到Ⅱ类标准。

硫化物浓度年均值为 0.003～0.004 mg/L；氟化物浓度年均值为 0.16～0.66 mg/L；砷浓度年均值为 0.000 15～0.002 25 mg/L。水源地年均值均达到Ⅰ类标准。

金属类

汞浓度年均值为 0.000 02～0.000 04 mg/L；硒浓度年均值为 0.000 20～0.000 32 mg/L；铬（六价）浓度年均值为 0.002～0.004 mg/L；锌浓度年均值为 0.001 0～0.025 0 mg/L；铅浓度年均值为 0.000 04～0.001 2 mg/L；镉浓度年均值为 0.000 02～0.000 2 mg/L。水源地年均值均达到Ⅰ类标准。

铜浓度年均值为 0.000 7～0.020 0 mg/L。93.3%的水源地年均值达到Ⅰ类标准，6.7%的水源地年均值达到Ⅱ类标准。

铁浓度年均值为 0.005～0.122 mg/L；锰浓度年均值为 0.000 8～0.034 6 mg/L。水源地年均值均低于标准限值。

其他

pH 为 7.4～8.3。

粪大肠菌群浓度年均值为 10～529 个/L。河南省 80%的水源地年均值达到Ⅰ类标准，20.0%的水源地年均值达到Ⅱ类标准。

阴离子表面活性剂浓度年均值为 0.025～0.062 mg/L。水源地年均值均达到Ⅰ类标准。

2019 年省辖市地表水饮用水水源地主要因子评价类别分布统计见表 2.4-1。

表 2.4-1 2019 年省辖市地表水饮用水水源地主要因子评价类别分布统计

单位：%

项目	高锰酸盐指数	总磷	粪大肠菌群	氨氮	石油类	铜	镉	铬（六价）
Ⅰ类	33.3	46.7	80.0	73.3	100	93.3	100	100
Ⅱ类	60.0	46.7	20.0	26.7	0	6.7	0	0
Ⅲ类	6.7	6.7	0	0	0	0	0	0

② 特定项目

2019 年 7 月，河南省省辖市 16 个地表水饮用水水源地特定项目监测共 1 280 项次，根据《地表水环境质量标准》（GB 3838—2002）表 3 中 80 项特定项目的标准限值进行评价，监测浓度值均低于标准限值。未检出的项次占 95%；检出的项次占 5.0%（表 2.4-2）。其中钡检出率最高，为 75.0%；其次，锑检出率为 62.5%，其他项目检出率不足 50%。

表 2.4-2 2019 年地表水饮用水水源地水质特定项目监测检出情况

城市名称	水源地名称	实际项目个数/个	单因子达标率/%	单因子检出率/%	特定项目中检出的项目	
					名称	数量/个
郑州	黄河水源厂	80	100	6.3	钼、钴、硼、锑、钡	5
	柿园水厂	80	100	5.0	钼、硼、锑、钡	4
开封	柳池	80	100	10.0	钼、钴、硼、锑、镍、钡、钒、钛	8
平顶山	白龟山水库	80	100	2.5	钡、钛	2
安阳	岳城水库五水厂	80	100	6.3	三氯甲烷、二氯甲烷、苯、锑、钡	5
	第八水厂	80	100	6.3	三氯甲烷、二氯甲烷、六氯丁二烯、锑、钡	5
鹤壁	黄花营	80	100	0	—	0
	辛村	80	100	0	—	0
新乡	七里营	80	100	3.8	钼、镍、钡	3
濮阳	西水坡调节池	80	100	2.5	活性氯、钡	2
许昌	周庄水厂	80	100	5.0	硼、锑、钡、钒	4
漯河	澧河三里桥	80	100	3.8	二氯甲烷、锑、钡	3
三门峡	朱乙河水库	80	100	2.5	硼、钛	2
商丘	第四水厂	80	100	10.0	邻苯二甲酸二丁酯、钼、钴、铍、锑、钡、钒、钛	8
信阳	南湾水库	80	100	6.3	钼、硼、锑、镍、钛	5
驻马店	板桥水库	80	100	10.0	百菌清、钼、硼、锑、钡、钒、钛、铊	8
全省		1 280	100	5.0	—	64

③ 综合评价

达标水源地评价

2019 年，河南省省辖市 15 个地表水饮用水水源地的各评价因子浓度年均值均达到III类标准，15 个地表水饮用水水源地水质浓度年均值均达标。4 个地表水饮用水水源地水质达到 I 类标准，占 26.7%；9 个地表水饮用水水源地水质达到 II 类标准，占 60%；2 个地表水饮用水水源地水质达到III类标准，占 13.3%。

取水水质达标率评价

河南省省辖市地表水饮用水水源地取水水质达标率为 100%。

水质定性评价

2019 年，河南省省辖市地表水饮用水水源地年均值评价水质级别为优。濮阳西水坡调节池、三门峡朱乙河水库、鹤壁黄花营、开封柳池、平顶山白龟山水库、安阳第八水厂、郑州柿园水厂、信阳南湾水库、许昌周庄水厂、安阳岳城水库五水厂、漯河澧河三里桥、驻马店板桥水库、郑州黄河水源厂、新乡七里营 14 个水源地水质级别为优，占 93.3%；商丘第四水厂水源地水质级别为良好，占 6.7%（表 2.4-3 和图 2.4-1）。

表 2.4-3　2019 年省辖市地表水饮用水水源地水质状况

城市名称	水源地名称	达标评价	取水达标率评价			水质定性评价	
		类别	总取水量/万 t	达标水量/万 t	取水达标率/%	P_j 值	级别
郑州	黄河水源厂	II	9 199.5	9 199.5	100	0.48	优
	柿园水厂	I	12 372.9	12 372.9	100	0.42	优
开封	柳池	II	7 101.0	7 101.0	100	0.40	优
平顶山	白龟山水库	II	4 842.8	4 842.8	100	0.41	优
安阳	岳城水库五水厂	II	1 539.8	1 539.8	100	0.44	优
	第八水厂	I	2 924.2	2 924.2	100	0.41	优
鹤壁	黄花营	I	1 595.3	1 595.3	100	0.38	优
新乡	七里营	II	923.0	923.0	100	0.50	优
濮阳	西水坡调节池	II	5 823.6	5 823.6	100	0.37	优
许昌	周庄水厂	I	1 800.0	1 800.0	100	0.43	优
漯河	澧河三里桥	II	1 440.0	1 440.0	100	0.45	优
三门峡	朱乙河水库	II	1 643.0	1 643.0	100	0.37	优
商丘	第四水厂	III	2 982.4	2 982.4	100	0.65	良好
信阳	南湾水库	II	4 800.5	4 800.5	100	0.42	优
驻马店	板桥水库	III	5 898.0	5 898.0	100	0.47	优
全省		II	64 886	64 886	100	0.44	优

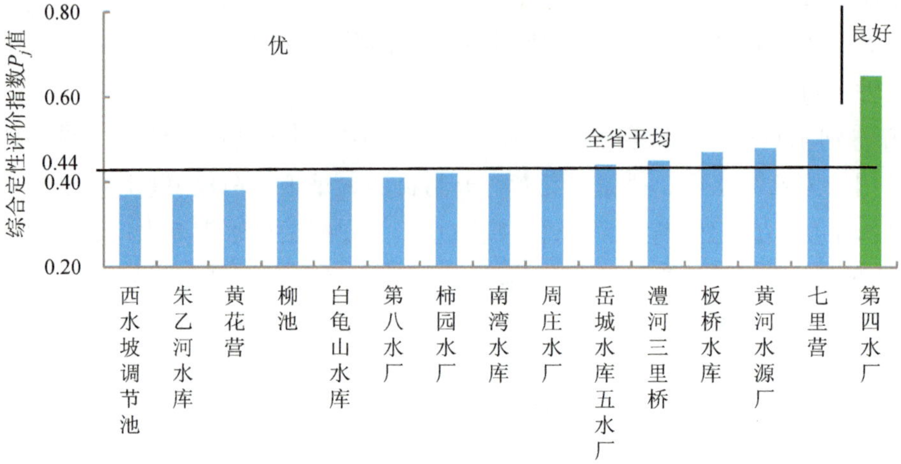

图 2.4-1 2019 年省辖市城市地表水饮用水水源地水质评价结果

（2）县级城市

① 单项因子评价

有机类

高锰酸盐指数年均值为 0.8～4.4 mg/L。31%的水源地年均值达到Ⅰ类标准，59.5%的水源地年均值达到Ⅱ类标准，9.5%的水源地年均值达到Ⅲ类标准。

挥发酚浓度年均值为 0.000 2～0.002 2 mg/L。97.6%的水源地年均值达到Ⅰ类标准，2.4%的水源地年均值达到Ⅲ类标准。

石油类浓度年均值为 0.003～0.04 mg/L。水源地年均值均达到Ⅰ类标准。

五日生化需氧量年均值为 0.3～3.5 mg/L。78.6%的水源地年均值达到Ⅰ类标准，21.4%的水源地年均值达到Ⅲ类标准。

非金属无机类

氨氮浓度年均值为 0.02～0.61 mg/L。45.3%的水源地年均值达到Ⅰ类标准，45.2%的水源地年均值达到Ⅱ类标准，9.5%的水源地年均值达到Ⅲ类标准。

总磷浓度年均值为 0.005～0.109 mg/L。26.2%的水源地年均值达到Ⅰ类标准，40.5%的水源地年均值达到Ⅱ类标准，33.3%的水源地年均值达到Ⅲ类标准。

硝酸盐浓度年均值为 0.05～4.97 mg/L；氯化物浓度年均值为 1.1～119.5 mg/L；硫酸盐浓度年均值为 7.2～195.0 mg/L。水源地年均值均低于标准限值。

氰化物浓度年均值为 0.001～0.002 mg/L；硫化物浓度年均值为 0.003～0.044 mg/L；砷浓度年均值为 0.000 1～0.004 mg/L。水源地年均值均达到Ⅰ类标准。

氟化物浓度年均值为 0.003～1.28 mg/L。97.6%的水源地年均值达到Ⅰ类标准，2.4%的水源地年均值达到Ⅳ类标准。

金属类

汞浓度年均值为 0.000 005～0.000 03 mg/L；硒浓度年均值为 0.000 2～0.002 mg/L；镉浓度年均值为 0.000 04～0.001 mg/L。水源地年均值均达到Ⅰ类标准。

铬（六价）浓度年均值为 0.002～0.012 mg/L。97.6%的水源地年均值达到Ⅰ类标准，2.4%的水源地年均值达到Ⅱ类标准。

锌浓度年均值为 0.001～0.07 mg/L。97.6%的水源地年均值达到Ⅰ类标准，2.4%的水源地年均值达到Ⅱ类标准。

铅浓度年均值为 0.000 1～0.013 mg/L。97.6%的水源地年均值达到Ⅰ类标准，2.4%的水源地年均值达到Ⅲ类标准。

铜浓度年均值为 0.000 4～0.05 mg/L。83.3%的水源地年均值达到Ⅰ类标准，16.7%的水源地年均值达到Ⅱ类标准。

铁浓度年均值为 0.000 4～0.130 mg/L；锰浓度年均值为 0.000 3～0.040 0 mg/L。全省水源地年均值均低于标准限值。

其他

pH 为 7.0～8.5。

粪大肠菌群浓度年均值为 3～1 338 个/L。85.7%的水源地年均值达到Ⅰ类标准，14.3%的水源地年均值达到Ⅱ类标准。

阴离子表面活性剂浓度年均值为 0.01～0.16 mg/L。水源地年均值均达到Ⅰ类标准。

2019 年县级城市地表水饮用水水源地主要因子评价类别分布统计见表 2.4-4。

表 2.4-4　2019 年县级城市地表水饮用水水源地主要因子评价类别分布统计

单位：%

项目	高锰酸盐指数	总磷	粪大肠菌群	氨氮	石油类	铜	镉	铬（六价）
Ⅰ类	31.0	26.2	85.7	45.3	100	83.3	100	97.6
Ⅱ类	59.5	40.5	14.3	45.2	0	16.7	0	2.4
Ⅲ类	9.5	33.3	0	9.5	0	0	0	0

② 综合评价

达标水源地评价

2019 年，河南省 42 个地表水饮用水水源地除郑州登封市白沙水库外，其余 41 个水源地各评价因子浓度年均值均达到Ⅲ类标准以上，水质浓度年均值均达标。其中，4 个水源地水质达到Ⅰ类标准，占 9.5%；20 个水源地水质达到Ⅱ类标准，占 47.6%；17 个水源地水质达到Ⅲ类标准，占 40.5%；1 个地表水质达到Ⅳ类标准，占 2.4%。

取水水质达标率评价

河南省地表水饮用水水源地取水水质达标率为 99%。

水质定性评价

2019 年，河南省地表水饮用水水源地年均值评价水质级别为良好。16 个水源地水质级别为优，占 38.1%；25 个水源地水质级别为良好，占 59.5%；1 个水源地水质级别为轻污染，占 2.4%（表 2.4-5）。

表 2.4-5　2019 年县级城市地表水饮用水水源地水质状况

上级城市	城市名称	水源地名称	达标评价	取水达标率评价			水质定性评价	
			类别	总取水量/万 t	达标水量/万 t	取水达标率/%	P_j 值	级别
郑州	中牟县	中牟新城水厂	Ⅱ	1 880.0	1 880.0	100	0.55	良好
	巩义市	坞罗水库	Ⅲ	81.8	81.8	100	0.73	良好
	荥阳市	荥阳南水北调源	Ⅱ	2 007.9	2 007.9	100	0.53	良好
	登封市	少林水库	Ⅲ	82.0	82.0	100	0.66	良好
		纸坊水库	Ⅲ	44.0	44.0	100	0.55	良好
		白沙水库	Ⅳ	180.0	0	0	0.93	轻污染
洛阳	栾川县	大南沟水库	Ⅰ	52.8	52.8	100	0.47	优
		石笼沟水库	Ⅰ	72.0	72.0	100	0.58	良好
		九鼎沟水库	Ⅰ	152.5	152.5	100	0.44	优
		七姑沟水库	Ⅰ	180.5	180.5	100	0.51	良好
平顶山	宝丰县	宝丰县自来水公司	Ⅱ	348.7	348.7	100	0.44	优
	郏县	郏县南水北调源	Ⅱ	200.0	200.0	100	0.49	优
	舞钢市	田岗水库	Ⅲ	372.0	372.0	100	0.49	优
安阳	汤阴县	汤阴县第一水厂	Ⅱ	313.5	313.5	100	0.56	良好
	滑县	滑县第三水厂	Ⅱ	1 384.0	1 384.0	100	0.45	优
	林州市	弓上水库	Ⅱ	111.6	111.6	100	0.45	优

上级城市	城市名称	水源地名称	达标评价	取水达标率评价			水质定性评价	
			类别	总取水量/万t	达标水量/万t	取水达标率/%	P_j值	级别
鹤壁	浚县	鹤壁华电水务有限公司	II	96.0	96.0	100	0.52	良好
	淇县	骏港水务有限公司	II	205.0	205.0	100	0.39	优
新乡	获嘉县	新水水务有限公司	II	140.0	140.0	100	0.53	良好
	长垣市	周营上延水源地保护区	II	1 518.3	1 518.3	100	0.49	优
	卫辉市	卫辉南水北调源	III	2 561.1	2 561.1	100	0.54	良好
焦作	修武县	修武县水务公司	III	151.0	151.0	100	0.56	良好
	博爱县	引丹渠口进水口	III	360.0	360.0	100	0.54	良好
许昌	襄城县	襄城县第三水厂	II	80.0	80.0	100	0.50	优
	禹州市	颍河橡皮坝	III	240.0	240.0	100	0.59	良好
漯河	临颍县	清泉自来水公司	II	200.0	200.0	100	0.50	优
三门峡	渑池县	裴窑水库	III	8.2	8.2	100	0.57	良好
		西段村水库	III	219.9	219.9	100	0.57	良好
南阳	西峡县	西峡县灌河自来水厂	II	180.0	180.0	100	0.50	优
	镇平县	赵湾水库	II	467.7	467.7	100	0.50	优
	社旗县	社旗县南水北调源	II	120.0	120.0	100	0.45	优
	唐河县	唐河县自来水公司	II	590.0	590.0	100	0.51	良好
	桐柏县	淮河自来水厂	II	125.0	125.0	100	0.40	优
信阳	罗山县	罗山县龙山水库	III	470.0	470.0	100	0.58	良好
		罗山县小龙山水库	III	372.0	372.0	100	0.62	良好
	光山县	光山县泼河水库	III	312.0	312.0	100	0.63	良好
	新县	香山水库取水口	III	232.0	232.0	100	0.58	良好
	商城县	商城县鲇鱼山水库	II	181.0	181.0	100	0.49	优
	固始县	史河地表水厂取水口	II	1 266.0	1 266.0	100	0.54	良好
	潢川县	邬桥水库取水口	III	105.0	105.0	100	0.58	良好
驻马店	确山县	薄山水库	III	139.0	139.0	100	0.56	良好
	泌阳县	宋家场水库	III	254.0	254.0	100	0.53	良好
全省			II	18 056.5	17 876.5	99	0.54	良好

2.4.1.2 地下水水源地

（1）省辖市

① 单项因子评价

有机类

挥发酚浓度年均值为 0.000 2 mg/L。水源地年均值均达到Ⅰ类标准。

耗氧量浓度年均值为 0.29～2.09 mg/L。83.3%的水源地年均值达到Ⅰ类标准，12.5%的水源地年均值达到Ⅱ类标准，4.2%的水源地年均值达到Ⅲ类标准。

非金属无机类

氰化物浓度年均值为 0.001 00～0.002 42 mg/L。20.8%的水源地年均值达到Ⅰ类标准，79.2%的水源地年均值达到Ⅱ类标准。

亚硝酸盐浓度年均值为 0.002～0.015 mg/L。95.8%的水源地年均值达到Ⅰ类标准，全省 4.2%的水源地年均值达到Ⅱ类标准。

氨氮浓度年均值为 0.013～0.209 mg/L。66.6%的水源地年均值达到Ⅰ类标准，29.2%的水源地年均值达到Ⅱ类标准，4.2%的水源地年均值达到Ⅲ类标准。

硝酸盐浓度年均值为 0.07～10.89 mg/L。33.4%的水源地年均值达到Ⅰ类标准，33.3%的水源地年均值达到Ⅱ类标准，33.3%的水源地年均值达到Ⅲ类标准。

氯化物浓度年均值为 11.4～134.7 mg/L。54.2%的水源地年均值达到Ⅰ类标准，45.8%的水源地年均值达到Ⅱ类标准。

硫酸盐浓度年均值为 29.5～124.4 mg/L。20.8%的水源地年均值达到Ⅰ类标准，79.2%的水源地年均值达到Ⅱ类标准。

氟化物浓度年均值为 0.09～0.90 mg/L。水源地年均值均达到Ⅰ类标准。

砷浓度年均值为 0.000 2～0.005 8 mg/L。79.2%的水源地年均值达到Ⅰ类标准，20.8%的水源地年均值达到Ⅲ类标准。

金属类

总硬度年均值为 92～437 mg/L。16.7%的水源地年均值达到Ⅰ类标准，20.8%的水源地年均值达到Ⅱ类标准，62.5%的水源地年均值达到Ⅲ类标准。

铬(六价)浓度年均值为 0.002～0.005 mg/L；硒浓度年均值为 0.000 2～0.000 4 mg/L；锌浓度年均值为 0.000 3～0.025 mg/L；汞浓度年均值为 0.000 005～0.000 050 mg/L；铅浓度年均值为 0.000 04～0.002 0 mg/L。水源地年均值均达到Ⅰ类标准。

镉浓度年均值为 0.000 03～0.000 37 mg/L。66.7%的水源地年均值达到Ⅰ类标准，33.3%的水源地年均值达到Ⅱ类标准。

锰浓度年均值为 0.000 1～0.141 3 mg/L。91.7%的水源地年均值达到Ⅰ类标准，4.2%的水源地年均值达到Ⅲ类标准，4.1%的水源地年均值达到Ⅳ类标准。

铁浓度年均值为 0.000 4～0.154 mg/L。91.7%的水源地年均值达到Ⅰ类标准，8.3%的水源地年均值达到Ⅱ类标准。

铜浓度年均值为 0.000 04～0.020 mg/L。83.3%的水源地年均值达到Ⅰ类标准，16.7%的水源地年均值达到Ⅱ类标准。

其他

pH 为 7.1～8.0。

总大肠菌群浓度年均值为 0.6～2.0 个/L。水源地年均值均达到Ⅰ类标准。

2019 年省辖市地下水饮用水水源地主要因子评价结果见表 2.4-6。

表 2.4-6　2019 年省辖市地下水饮用水水源地主要因子评价结果统计　　单位：%

项目	总硬度	硫酸盐	氯化物	耗氧量	氨氮	总大肠菌群	氟化物
Ⅰ类	16.7	20.8	54.2	83.3	66.6	100	100
Ⅱ类	20.8	79.2	45.8	12.5	29.2	0	0
Ⅲ类	62.5	0	0	4.2	4.2	0	0

② 综合评价

达标水源地评价

2019 年，河南省 24 个地下水饮用水水源地的各评价因子浓度年均值，6 个达到Ⅱ类标准，17 个达到Ⅲ类标准，1 个达到Ⅳ类标准，即 23 个饮用水水源地各评价因子年均值达到Ⅲ类标准以上（表 2.4-7）。

表 2.4-7　2019 年省辖市地下水饮用水水源地水质状况

城市名称	水源地名称	达标评价	取水达标率评价			水质定性评价	
		类别	总取水量/万 t	达标水量/万 t	取水达标率/%	P_j 值	级别
郑州	井水厂	Ⅱ	97.6	97.6	100	0.42	优
	东周水厂	Ⅳ	1 504.2	0.0	0	1.02	轻污染
	石佛水厂	Ⅲ	1 618.6	1 618.6	100	0.53	良好
开封	二水厂	Ⅲ	288.0	288.0	100	0.65	良好

城市名称	水源地名称	达标评价	取水达标率评价			水质定性评价	
		类别	总取水量/万t	达标水量/万t	取水达标率/%	P_i值	级别
洛阳	洛南水源混合	II	4 939.9	4 939.9	100	0.47	优
	张庄水源混合	III	1 620.8	1 620.8	100	0.52	良好
	李楼水源混合	III	2 779.3	2 779.3	100	0.66	良好
安阳	三水厂	III	12.5	12.5	100	0.65	良好
	四水厂	III	1 998.8	1 998.8	100	0.69	良好
鹤壁	集井	III	88.3	88.3	100	0.51	良好
焦作	市二水厂	III	383.5	383.5	100	0.64	良好
	市四水厂	III	1 047.9	1 047.9	100	0.50	优
	市六水厂	III	546.5	546.5	100	0.63	良好
	市七水厂	III	1 611.8	1 611.8	100	0.70	良好
许昌	董庄水厂	II	1 440.0	1 440.0	100	0.37	优
三门峡	一水厂	III	250.9	250.9	100	0.46	优
	二水厂	II	87.2	87.2	100	0.40	优
	涧北水厂	III	104.8	104.8	100	0.50	优
南阳	东水厂	II	2 232.0	2 232.0	100	0.24	优
	二水厂	II	3 162.0	3 162.0	100	0.24	优
周口	二水厂	III	1 920.0	1 920.0	100	0.51	良好
	三水厂	III	480.0	480.0	100	0.43	优
济源	青多	III	2 200.0	2 200.0	100	0.64	良好
	柴庄	III	360.0	360.0	100	0.59	良好
全省		III	30 774.6	29 270.4	95.1	0.54	良好

取水水质达标率评价

河南省省辖市地下水饮用水水源地取水水质达标率为95.1%。

水质定性评价

2019年，河南省省辖市地下水饮用水水源地年均值评价水质级别为良好。10个水源地水质级别为优，占41.6%；13个水源地水质级别为良好，占54.2%；1个水源地水质级别为轻污染，占4.2%。

（2）县级城市

① 单项因子评价

有机类

挥发酚浓度年均值为 0.000 2～0.001 5 mg/L。95.3%的水源地年均值达到Ⅰ类标准，4.7%的水源地年均值达到Ⅲ类标准。

耗氧量浓度年均值为 0.27～1.85 mg/L。76.7%的水源地年均值达到Ⅰ类标准，23.3%的水源地年均值达到Ⅱ类标准。

非金属无机类

氰化物浓度年均值为 0.000 50～0.005 50 mg/L。41.9%的水源地年均值达到Ⅰ类标准，58.1%的水源地年均值达到Ⅱ类标准。

亚硝酸盐浓度年均值为 0.000 3～0.180 mg/L。89.5%的水源地年均值达到Ⅰ类标准，5.8%的水源地年均值达到Ⅱ类标准，4.7%的水源地年均值达到Ⅲ类标准。

氨氮浓度年均值为 0.010～0.440 mg/L。29.1%的水源地年均值达到Ⅰ类标准，61.6%的水源地年均值达到Ⅱ类标准，9.3%的水源地年均值达到Ⅲ类标准。

硝酸盐浓度年均值为 0.01～15.10 mg/L。48.9%的水源地年均值达到Ⅰ类标准，24.4%的水源地年均值达到Ⅱ类标准，26.7%的水源地年均值达到Ⅲ类标准。

氯化物浓度年均值为 1.6～237.5 mg/L。59.3%的水源地年均值达到Ⅰ类标准，36.0%的水源地年均值达到Ⅱ类标准，4.7%的水源地年均值达到Ⅲ类标准。

硫酸盐浓度年均值为 3.7～220.5 mg/L。36%的水源地年均值达到Ⅰ类标准，54.7%的水源地年均值达到Ⅱ类标准，9.3%的水源地年均值达到Ⅲ类标准。

氟化物浓度年均值为 0.13～1.48 mg/L。94.2%的水源地年均值达到Ⅰ类标准，5.8%的水源地年均值达到Ⅳ类标准。

砷浓度年均值为 0.000 1～0.006 9 mg/L。67.4%的水源地年均值达到Ⅰ类标准，32.6%的水源地年均值达到Ⅲ类标准。

金属类

总硬度年均值为 14～445 mg/L。25.5%的水源地年均值达到Ⅰ类标准，41.9%的水源地年均值达到Ⅱ类标准，32.6%的水源地年均值达到Ⅲ类标准。

铬（六价）浓度年均值为 0.001～0.026 mg/L。95.3%的水源地年均值达到Ⅰ类标准，4.7%的水源地年均值达到Ⅲ类标准。

硒浓度年均值为 0.000 1～0.004 mg/L。水源地年均值均达到Ⅰ类标准。

锌浓度年均值为 0.000 3～0.120 mg/L。94.2%的水源地年均值达到Ⅰ类标准，5.8%的水源地年均值达到Ⅱ类标准。

汞浓度年均值为 0.000 010～0.000 650 mg/L。88.4%的水源地年均值达到Ⅰ类标准，11.6%的水源地年均值达到Ⅲ类标准。

镉浓度年均值为 0.000 03～0.002 13 mg/L。24.4%的水源地年均值达到Ⅰ类标准，64.0%的水源地年均值达到Ⅱ类标准，11.6%的水源地年均值达到Ⅲ类标准。

锰浓度年均值为 0.000 1～0.087 5 mg/L。96.5%的水源地年均值达到Ⅰ类标准，3.5%的水源地年均值达到Ⅲ类标准。

铅浓度年均值为 0.000 04～0.005 6 mg/L。95.3%的水源地年均值达到Ⅰ类标准，4.7%的水源地年均值达到Ⅲ类标准。

铁浓度年均值为 0.000 4～0.240 mg/L。98.8%的水源地年均值达到Ⅰ类标准，1.2%的水源地年均值达到Ⅲ类标准。

铜浓度年均值为 0.000 2～0.063 mg/L。73.2%的水源地年均值达到Ⅰ类标准，22.1%的水源地年均值达到Ⅱ类标准，4.7%的水源地年均值达到Ⅲ类标准。

其他

pH 为 6.8～8.4。

总大肠菌群浓度年均值为 0.3～3.0 个/L。水源地年均值均达到Ⅰ类标准。

2019 年县级城市地下水饮用水水源地主要因子评价类别分布见表 2.4-8。

表 2.4-8 2019 年县级城市地下水饮用水水源地主要因子评价类别分布统计 单位：%

项目	总硬度	硫酸盐	氯化物	耗氧量	氨氮	总大肠菌群	氟化物
Ⅰ类	25.5	36.0	59.3	76.7	29.1	100	94.2
Ⅱ类	41.9	54.7	36.0	23.3	61.6	0	0
Ⅲ类	32.6	9.3	4.7	0	9.3	0	0
Ⅳ类	0	0	0	0	0	0	5.8

② 综合评价

达标水源地评价

2019 年，河南省 86 个地下水饮用水水源地的各评价因子浓度年均值，16 个达到Ⅱ类标准，65 个达到Ⅲ类标准，5 个达到Ⅳ类标准。

取水水质达标率评价

河南省县级城市地下水饮用水水源地取水水质达标率为 96.8%。

水质定性评价

2019 年，河南省地下水饮用水水源地年均值评价水质级别为良好。41 水源地水质级别为优，占 47.6%；41 个水源地水质级别为良好，占 47.6%；4 个水源地水质级别为轻污染，占 4.7%（表 2.4-9）。

表 2.4-9 2019 年县级城市地下水饮用水水源地水质状况

上级城市	城市名称	水源地名称	达标评价	取水达标率评价			水质定性评价	
			类别	总取水量/万 t	达标水量/万 t	取水达标率/%	P_j 值	级别
郑州	巩义市	巩义三水厂地下水井群	III	652.8	652.8	100	0.46	优
	新密市	五里店水井	III	31.4	31.4	100	0.71	良好
		老城水井	III	3.5	3.5	100	0.71	良好
		西关水井	III	41.0	41.0	100	0.63	良好
		前村水井	III	51.6	51.6	100	0.52	良好
	新郑市	新郑市水厂	III	261.0	261.0	100	0.41	优
开封	杞县	杞县第二水厂	III	76.7	76.7	100	0.48	优
	通许县	通许县二水厂	III	86.6	86.6	100	0.62	良好
	尉氏县	尉氏县一水厂地下水井群	III	8.1	8.1	100	0.49	优
		尉氏县二水厂	III	80.4	80.4	100	0.49	优
	兰考县	兰考县自来水公司 1 号井	III	765.0	765.0	100	0.45	优
洛阳	孟津县	李窑—寺河南地下水井群	III	136.0	136.0	100	0.51	良好
	新安县	新安县上河地下水井群	III	236.0	236.0	100	0.63	良好
		新安县南岗地下水井群	III	470.0	470.0	100	0.70	良好
	嵩县	嵩县伊河玉泉山水厂	III	85.0	85.0	100	0.55	良好
	汝阳县	龙泉自来水公司地下水井群	III	636.0	636.0	100	0.45	优
	宜阳县	宜阳县第一水厂	III	98.1	98.1	100	0.52	良好
		宜阳县第二水厂	III	506.7	506.7	100	0.68	良好
		宜阳县第三水厂	III	393.3	393.3	100	0.55	良好
	洛宁县	洛宁县一水厂	III	110.0	110.0	100	0.69	良好
		洛宁县二水厂	III	222.0	222.0	100	0.69	良好
	伊川县	伊川县平等乡地下水井群	III	620.0	620.0	100	0.70	良好
		伊川县南苑水厂地下水井群	III	620.0	620.0	100	0.70	良好
	偃师市	二水厂地下水井群	II	130.0	130.0	100	0.40	优

上级城市	城市名称	水源地名称	达标评价	取水达标率评价			水质定性评价	
			类别	总取水量/万t	达标水量/万t	取水达标率/%	P_j值	级别
平顶山	叶县	叶县盐都水务地下水井群	III	120.0	120.0	100	0.44	优
		叶县东升洁地下水井群	III	160.0	160.0	100	0.56	良好
		叶县自由路地下水井群	III	158.0	158.0	100	0.46	优
	汝州市	汝州市自来水公司	III	324.0	324.0	100	0.64	良好
新乡	原阳县	原阳县水厂地下水井群	III	67.0	67.0	100	0.38	优
	延津县	延津县水厂地下水井群	III	13.7	13.7	100	0.48	优
	封丘县	封丘县边庄地下水井群	III	110.0	110.0	100	0.54	良好
	辉县市	段屯地下水井群	II	65.0	65.0	100	0.41	优
焦作	温县	温县中张王庄滩地下水井群	III	23.0	23.0	100	0.66	良好
	沁阳市	沁阳市地下水井群	III	122.0	122.0	100	0.63	良好
	孟州市	孟州市地下水井群	III	57.1	57.1	100	0.63	良好
濮阳	清丰县	八里庄水厂泵房	IV	2.5	1.5	60.0	0.79	良好
	范县	老城区地下水井群	III	2.5	2.5	100	0.69	良好
	台前县	县自来水厂	IV	36.0	0	0	1.06	轻污染
许昌	鄢陵县	鄢陵县康源公司地下水井群	II	24.0	24.0	100	0.36	优
	长葛市	长葛地下水井群	II	90.0	90.0	100	0.60	良好
漯河	舞阳县	舞阳县城市供水厂配水井	II	60.0	60.0	100	0.71	良好
三门峡	卢氏县	万吨水厂	III	123.0	123.0	100	0.68	良好
		东湾林场水厂	III	75.9	75.9	100	0.69	良好
	义马市	义煤集团450水厂	II	264.0	264.0	100	0.47	优
		义马市水厂	III	584.0	584.0	100	0.55	良好
南阳	南召县	南召县黄鸭河	III	80.0	80.0	100	0.29	优
	方城县	方城县贺大庄地下水井群	II	15.0	15.0	100	0.39	优
	内乡县	内乡县凉泉地下水井群	II	60.0	60.0	100	0.36	优
		内乡县湍河地下水井群	II	30.0	30.0	100	0.36	优
	淅川县	淅川县马家石咀地下水井群	III	192.0	192.0	100	0.51	良好
		淅川县金河地下水井群	II	24.0	24.0	100	0.41	优
		淅川县牛尾山地下水井群	III	12.0	12.0	100	0.56	良好

上级城市	城市名称	水源地名称	达标评价	取水达标率评价			水质定性评价	
			类别	总取水量/万 t	达标水量/万 t	取水达标率/%	P_j 值	级别
南阳	新野县	中技铭沣水务有限公司地下水井群	III	180.0	180.0	100	0.48	优
	邓州市	市自来水公司沉砂池	III	840.0	840.0	100	0.44	优
商丘	民权县	一水厂汇水口	III	49.3	49.3	100	0.45	优
		二水厂汇水口	III	81.5	81.5	100	0.50	优
	睢县	睢县二水厂汇水口	III	152.0	152.0	100	0.53	良好
	宁陵县	殷楼 2 号井	III	55.8	24.3	43.5	0.58	良好
	柘城县	后李楼汇水口	III	114.0	114.0	100	0.38	优
	虞城县	二水厂汇水口	III	144.3	144.3	100	0.54	良好
	夏邑县	夏邑县二水厂地下水井群	III	67.2	67.2	100	0.71	良好
		夏邑县三水厂地下水井群	III	42.7	42.7	100	0.72	良好
	永城市	永城市水厂	III	1 183.0	1 183.0	100	0.64	良好
信阳	淮滨县	淮滨县自来水厂	III	74.0	74.0	100	0.45	优
	息县	县城集中式地下水饮用水水源地	III	91.0	91.0	100	0.63	良好
周口	扶沟县	扶沟县银龙供水有限公司	III	318.0	318.0	100	0.42	优
	西华县	西华县银龙供水有限公司	III	216.1	168.0	77.7	0.45	优
	商水县	商水县一水厂	II	162.5	162.5	100	0.43	优
		商水县二水厂	II	73.1	73.1	100	0.37	优
	沈丘县	沈丘县沙南供水厂	IV	270.0	135.0	50.0	0.89	轻污染
	郸城县	郸城县一水厂	III	294.0	294.0	100	0.68	良好
		郸城县二水厂	II	364.0	364.0	100	0.61	良好
	淮阳县	淮阳县自来水公司	III	159.6	159.6	100	0.50	优
	太康县	太康县水厂	III	286.0	286.0	100	0.47	优
	鹿邑	鹿邑县地下水饮用水水源地	II	608.4	608.4	100	0.51	良好

上级城市	城市名称	水源地名称	达标评价	取水达标率评价			水质定性评价	
			类别	总取水量/万t	达标水量/万t	取水达标率/%	P_i值	级别
周口	项城市	项城市供水厂	Ⅳ	286.0	143.0	50.0	0.88	轻污染
		项城市自来水公司	Ⅳ	344.0	172.0	50.0	0.81	轻污染
驻马店	西平县	自来水厂周范地下水井群	Ⅲ	107.0	107.0	100	0.46	优
	上蔡县	万通供水有限责任公司地下水井群	Ⅲ	407.0	407.0	100	0.37	优
	平舆县	清源水业有限公司地下水井群	Ⅲ	98.0	98.0	100	0.37	优
	正阳县	看守所东 4#	Ⅱ	6.2	6.2	100	0.45	优
		真阳井（加气站）	Ⅱ	6.2	6.2	100	0.45	优
	汝南县	西关井群配水站	Ⅲ	146.0	146.0	100	0.45	优
	遂平县	遂平县莲花湖地下水井群	Ⅲ	57.0	57.0	100	0.37	优
	新蔡县	新蔡县自来水公司	Ⅲ	449.0	449.0	100	0.47	优
		仁和水厂	Ⅲ	560.0	560.0	100	0.47	优
全省			Ⅲ	17 508.8	16 942.2	96.8	0.55	良好

2.4.1.3 总体评价

（1）省辖市

① 达标水源地评价

2019 年，河南省 18 个城市的地表水与地下水饮用水水源地监测因子浓度年均值均达到Ⅲ类标准。

② 取水水质达标率评价

2019 年，河南省 18 个省辖市的饮用水水源地取水水质达标率除郑州市（93.9%）外均为 100%（表 2.4-10）。

表 2.4-10　2019 年省辖市饮用水水源地水质状况

城市名称	取水达标率评价			水质定性评价	
	总取水量/万 t	达标水量/万 t	取水达标率/%	*P* 值	级别
郑州	24 792.8	23 288.6	93.9	0.574	良好
开封	7 389.0	7 389.0	100	0.527	良好
洛阳	9 340.0	9 340.0	100	0.553	良好
平顶山	4 842.8	4 842.8	100	0.410	优
安阳	6 475.3	6 475.3	100	0.547	良好
鹤壁	1 683.6	1 683.6	100	0.447	优
新乡	923.0	923.0	100	0.501	优
焦作	3 589.7	3 589.7	100	0.617	良好
濮阳	5 823.6	5 823.6	100	0.371	优
许昌	3 240.0	3 240.0	100	0.401	优
漯河	1 440.0	1 440.0	100	0.447	优
三门峡	2 085.9	2 085.9	100	0.434	优
南阳	5 394.0	5 394.0	100	0.243	优
商丘	2 982.4	2 982.4	100	0.648	良好
信阳	4 800.5	4 800.5	100	0.417	优
周口	2 400.0	2 400.0	100	0.468	优
驻马店	5 898.0	5 898.0	100	0.468	优
济源	2 560.0	2 560.0	100	0.615	良好
全省	95 660.6	94 156.4	98.4	0.48	优

③ 水质定性评价

2019 年，河南省省辖市饮用水水源地浓度年均值评价水质级别为优。南阳、濮阳、许昌、平顶山、信阳、三门峡、鹤壁、漯河、周口、驻马店、新乡 11 个城市集中式饮用水水源地水质级别为优，开封、安阳、洛阳、郑州、济源、焦作、商丘 7 个城市集中式饮用水水源地水质级别为良好（图 2.4-2）。

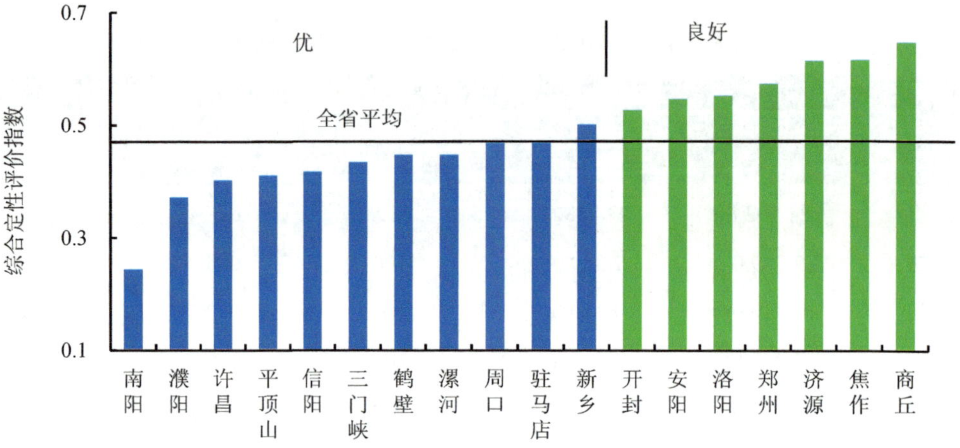

图 2.4-2　2019 年省辖市城市饮用水水源地水质综合评价排序

（2）县级城市

① 达标水源地评价

2019 年，河南省 97 个县级城市的饮用水水源地除郑州登封市白沙水库、濮阳清丰县八里庄水厂、周口项城市自来水公司、周口项城市供水厂、周口沈丘县沙南供水厂、濮阳台前县自来水厂 6 个水源地为Ⅳ类以外，其他饮用水水源地的监测因子浓度年均值均达到III类标准。

② 取水水质达标率评价

2019 年，河南省 97 个县级城市除濮阳台前县、郑州登封市、商丘宁陵县、周口项城市、周口沈丘县、濮阳清丰县、周口西华县外的饮用水水源地取水水质达标率均为 100%。

③ 水质定性评价

2019 年，河南省县级城市饮用水水源地水质评价级别为良好。47 个县（市）集中式饮用水水源地水质级别为优；47 个县（市）集中式饮用水水源地水质级别为良好；3 个县（市）集中式饮用水水源地水质级别为轻度污染（表 2.4-11）。

表 2.4-11　2019 年县级城市饮用水水源地水质状况

上级城市	城市名称	取水达标率评价			水质定性评价	
		总取水量/万 t	达标水量/万 t	取水达标率/%	P_j值	级别
郑州	中牟县	1 880.0	1 880.0	100	0.546	良好
	巩义市	734.6	734.6	100	0.592	良好
	荥阳市	2 007.9	2 007.9	100	0.527	良好

上级城市	城市名称	取水达标率评价			水质定性评价	
		总取水量/万 t	达标水量/万 t	取水达标率/%	P_j值	级别
郑州	新密市	127.5	127.5	100	0.642	良好
	新郑市	261.0	261.0	100	0.414	优
	登封市	306.0	126.0	41.2	0.713	良好
开封	杞县	76.7	76.7	100	0.480	优
	通许县	86.6	86.6	100	0.621	良好
	尉氏县	88.5	88.5	100	0.488	优
	兰考县	765.0	765.0	100	0.445	优
洛阳	孟津县	136.0	136.0	100	0.513	良好
	新安县	706.0	706.0	100	0.664	良好
	栾川县	457.8	457.8	100	0.499	优
	嵩县	85.0	85.0	100	0.554	良好
	汝阳县	636.0	636.0	100	0.447	优
	宜阳县	998.1	998.1	100	0.583	良好
	洛宁县	332.0	332.0	100	0.690	良好
	伊川县	1 240.0	1 240.0	100	0.695	良好
	偃师市	130.0	130.0	100	0.400	优
平顶山	宝丰县	348.7	348.7	100	0.437	优
	叶县	438.0	438.0	100	0.486	优
	郏县	200.0	200.0	100	0.487	优
	舞钢市	372.0	372.0	100	0.485	优
	汝州市	324.0	324.0	100	0.643	良好
安阳	汤阴县	313.5	313.5	100	0.556	良好
	滑县	1 384.0	1 384.0	100	0.448	优
	林州市	111.6	111.6	100	0.446	优
鹤壁	浚县	96.0	96.0	100	0.521	良好
	淇县	205.0	205.0	100	0.394	优
新乡	获嘉县	140.0	140.0	100	0.525	良好
	原阳县	67.0	67.0	100	0.381	优
	延津县	13.7	13.7	100	0.483	优

上级城市	城市名称	取水达标率评价			水质定性评价	
		总取水量/万 t	达标水量/万 t	取水达标率/%	P_j值	级别
新乡	封丘县	110.0	110.0	100	0.539	良好
	长垣市	1 518.3	1 518.3	100	0.491	优
	卫辉市	2 561.1	2 561.1	100	0.541	良好
	辉县市	65.0	65.0	100	0.411	优
焦作	修武县	151.0	151.0	100	0.560	良好
	博爱县	360.0	360.0	100	0.537	良好
	温县	23.0	23.0	100	0.660	良好
	沁阳市	122.0	122.0	100	0.634	良好
	孟州市	57.1	57.1	100	0.625	良好
濮阳	清丰县	2.5	1.5	60.0	0.786	良好
	范县	2.5	2.5	100	0.691	良好
	台前县	36.0	0	0	1.059	轻污染
许昌	鄢陵县	24.0	24.0	100	0.362	优
	襄城县	80.0	80.0	100	0.503	优
	禹州市	240.0	240.0	100	0.587	良好
	长葛市	90.0	90.0	100	0.602	良好
漯河	舞阳县	60.0	60.0	100	0.714	良好
	临颍县	200.0	200.0	100	0.496	优
三门峡	渑池县	228.1	228.1	100	0.570	良好
	卢氏县	198.9	198.9	100	0.682	良好
	义马市	848.0	848.0	100	0.512	良好
南阳	南召县	80.0	80.0	100	0.293	优
	方城县	15.0	15.0	100	0.387	优
	西峡县	180.0	180.0	100	0.502	优
	镇平县	467.7	467.7	100	0.504	优
	内乡县	90.0	90.0	100	0.363	优
	淅川县	228.0	228.0	100	0.494	优
	社旗县	120.0	120.0	100	0.452	优
	唐河县	590.0	590.0	100	0.509	良好

上级城市	城市名称	取水达标率评价			水质定性评价	
		总取水量/万 t	达标水量/万 t	取水达标率/%	P_j 值	级别
南阳	新野县	180.0	180.0	100	0.476	优
	桐柏县	125.0	125.0	100	0.401	优
	邓州市	840.0	840.0	100	0.435	优
商丘	民权县	130.8	130.8	100	0.476	优
	睢县	152.0	152.0	100	0.528	良好
	宁陵县	55.8	24.3	43.5	0.584	良好
	柘城县	114.0	114.0	100	0.377	优
	虞城县	144.3	144.3	100	0.544	良好
	夏邑县	109.9	109.9	100	0.717	良好
	永城市	1 183.0	1 183.0	100	0.644	良好
信阳	罗山县	842.0	842.0	100	0.603	良好
	光山县	312.0	312.0	100	0.632	良好
	新县	232.0	232.0	100	0.578	良好
	商城县	181.0	181.0	100	0.490	优
	固始县	1 266.0	1 266.0	100	0.540	良好
	潢川县	105.0	105.0	100	0.581	良好
	淮滨县	74.0	74.0	100	0.446	优
	息县	91.0	91.0	100	0.628	良好
周口	扶沟县	318.0	318.0	100	0.421	优
	西华县	216.1	168.0	77.7	0.449	优
	商水县	235.6	235.6	100	0.400	优
	沈丘县	270.0	135.0	50.0	0.894	轻污染
	郸城县	658.0	658.0	100	0.646	良好
	淮阳县	159.6	159.6	100	0.502	优
	太康县	286.0	286.0	100	0.473	优
	鹿邑县	608.4	608.4	100	0.512	良好
	项城市	630.0	315.0	50.0	0.845	轻污染
驻马店	西平县	107.0	107.0	100	0.457	优
	上蔡县	407.0	407.0	100	0.365	优

上级城市	城市名称	取水达标率评价			水质定性评价	
		总取水量/万 t	达标水量/万 t	取水达标率/%	P_j值	级别
驻马店	平舆县	98.0	98.0	100	0.365	优
	正阳县	12.4	12.4	100	0.450	优
	确山县	139.0	139.0	100	0.559	良好
	泌阳县	254.0	254.0	100	0.526	良好
	汝南县	146.0	146.0	100	0.449	优
	遂平县	57.0	57.0	100	0.365	优
	新蔡县	1 009.0	1 009.0	100	0.466	优
全省		35 565.3	34 818.7	97.9	0.53	良好

2.4.2 对比分析

2.4.2.1 地表水水源地

（1）省辖市

① 单项因子对比

年均浓度变化

与2018年相比，2019年河南省省辖市地表水饮用水水源地26项评价因子年均浓度稍有波动或基本持平，水质类别均无变化（表2.4-12）。

表2.4-12 2019年与2018年省辖市地表水饮用水水源地部分污染物浓度年均值比较

单位：mg/L

项目	2019年均值	类别	2018年均值	类别	类别变化
总磷	0.024	II	0.021	II	无
高锰酸盐指数	2.45	II	2.41	II	无
溶解氧	8.9	I	8.9	I	无
氟化物	0.40	I	0.40	I	无
挥发酚	0.000 3	I	0.000 3	I	无
石油类	0.007	I	0.008	I	无
粪大肠菌群	57个/L	I	55个/L	I	无
氨氮	0.095	I	0.089	I	无

项目	2019 年均值	类别	2018 年均值	类别	类别变化
生化需氧量	1.55	I	1.39	I	无
铜	0.004 4	I	0.005 4	I	无
锌	0.005 7	I	0.007 4	I	无
硒	0.000 21	I	0.000 20	I	无
砷	0.000 75	I	0.000 77	I	无
镉	0.000 1	I	0.000 1	I	无
铬（六价）	0.002	I	0.002	I	无
铅	0.000 6	I	0.000 9	I	无
汞	0.000 02	I	0.000 02	I	无
阴离子表面活性剂	0.032	I	0.033	I	无
氰化物	0.002	I	0.002	I	无
硫化物	0.003	I	0.004	I	无

主要评价因子 I 、II 类水质水源地百分比变化

与 2018 年相比，2019 年河南省 15 个地表水饮用水水源地主要评价因子均无变化（表 2.4-13）。

表 2.4-13 2019 年与 2018 年省辖市地表水饮用水水源地主要评价因子水质类别比较

项目	I 、II 类百分比/%		劣III类百分比/%		I 、II 类百分比变化	劣III类百分比变化
	2019 年	2018 年	2019 年	2018 年		
高锰酸盐指数	93.3	93.3	0	0	0	0
氟化物	100	100	0	0	0	0
挥发酚	100	100	0	0	0	0
粪大肠菌群	100	100	0	0	0	0
氨氮	100	100	0	0	0	0
硝酸盐	100	100	0	0	0	0
砷	100	100	0	0	0	0
镉	100	100	0	0	0	0
铬（六价）	100	100	0	0	0	0
铅	100	100	0	0	0	0
汞	100	100	0	0	0	0
氰化物	100	100	0	0	0	0

② 综合评价对比

2019 年，河南省省辖市地表水饮用水水源地水质浓度年均值均优于或达到III类标准（表 2.4-14 和图 2.4-3）。

表 2.4-14　2019 年与 2018 年省辖市地表水饮用水水源地水质综合评价比较

城市名称	水源地名称	2019 年		2018 年	
		定性级别	水质类别	定性级别	水质类别
郑州	黄河水源厂	优	II	良好	II
	柿园水厂	优	I	优	I
开封	柳池	优	II	优	II
平顶山	白龟山水库	优	II	优	II
安阳	岳城水库五水厂	优	II	优	II
	第八水厂	优	I	优	II
鹤壁	黄花营	优	I	优	I
新乡	七里营	优	II	良好	II
濮阳	西水坡调节池	优	II	优	II
许昌	周庄水厂	优	I	优	I
漯河	澧河三里桥	优	II	优	II
三门峡	朱乙河水库	优	II	优	II
商丘	第四水厂	良好	III	良好	III
信阳	南湾水库	优	II	优	II
驻马店	板桥水库	优	III	优	II
全省		优	II	优	II

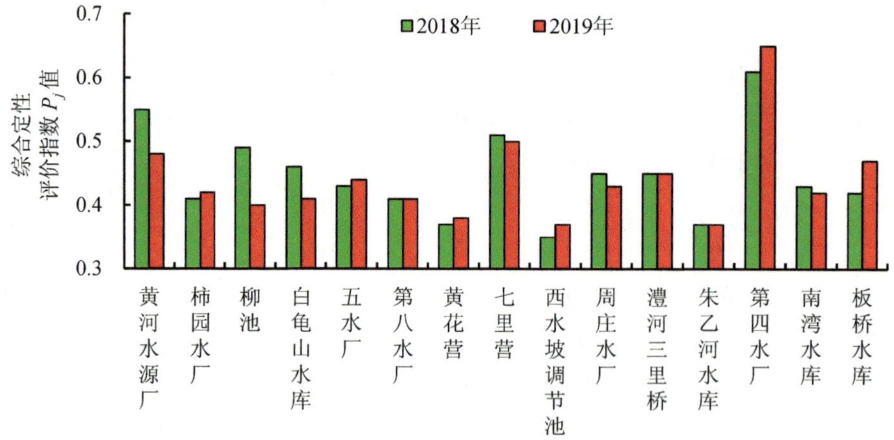

图 2.4-3　2019 年与 2018 年省辖市地表水饮用水水源地水质比较

与 2018 年相比，2019 年郑州黄河水源厂由良好变为优，新乡七里营由良好变为优，其他 13 个水源地未发生水质级别变化。

（2）县级城市

① 单项因子对比

年均浓度变化

与 2018 年相比，2019 年河南省县级城市地表水饮用水水源地 26 项评价因子中，除溶解氧外其他因子的年均浓度基本持平；水质类别除溶解氧变好外，其他因子均无变化（表 2.4-15）。

表 2.4-15　2019 年与 2018 年县级城市地表水饮用水水源地部分污染物浓度年均值比较

单位：mg/L

项目	2019 年均值	类别	2018 年均值	类别	类别变化
总磷	0.034	II	0.030	II	无
高锰酸盐指数	2.5	II	2.4	II	无
溶解氧	7.9	I	7.4	II	变好
氟化物	0.33	I	0.36	I	无
挥发酚	0.000 4	I	0.000 3	I	无
石油类	0.01	I	0.01	I	无
粪大肠菌群	52 个/L	I	41 个/L	I	无
氨氮	0.23	II	0.20	II	无
生化需氧量	2.4	I	2.2	I	无
铜	0.01	I	0.01	I	无
锌	0.01	I	0.01	I	无
硒	0.000 5	I	0.000 5	I	无
砷	0.001	I	0.001	I	无
镉	0.000 3	I	0.000 3	I	无
铬（六价）	0.003	I	0.003	I	无
铅	0.002	I	0.002	I	无
汞	0.000 02	I	0.000 02	I	无
阴离子表面活性剂	0.04	I	0.02	I	无
氰化物	0.002	I	0.002	I	无
硫化物	0.005	I	0.006	I	无

主要评价因子Ⅰ、Ⅱ类水质水源地百分比变化

与2018年相比，2019年河南省县级城市地表水饮用水水源地主要评价因子Ⅰ、Ⅱ类百分比，高锰酸盐指数降低7.1个百分点，氨氮降低2.2个百分点，挥发酚降低2.4个百分点，铅降低2.4个百分点，其他无变化（表2.4-16）。

表2.4-16 2019年与2018年县级城市地表水饮用水水源地主要评价因子水质类别比较

项目	Ⅰ、Ⅱ类百分比/%		劣Ⅲ类百分比/%		Ⅰ、Ⅱ类百分比变化	劣Ⅲ类百分比变化
	2019年	2018年	2019年	2018年		
高锰酸盐指数	90.5	97.6	0	0	−7.1	0
氟化物	97.6	97.6	2.4	2.4	0	0
挥发酚	97.6	100	0	0	−2.4	0
粪大肠菌群	100	100	0	0	0	0
氨氮	90.5	92.7	0	0	−2.2	0
硝酸盐	100	100	0	0	0	0
砷	100	100	0	0	0	0
镉	100	100	0	0	0	0
铬（六价）	100	100	0	0	0	0
铅	97.6	100	0	0	−2.4	0
汞	100	100	0	0	0	0
氰化物	100	100	0	0	0	0

② 综合评价对比

2018—2019年，河南省县级城市地表水饮用水水源地除郑州登封市白沙水库水质级别为Ⅳ类以外，其余均优于或达到Ⅲ类标准。

与2018年相比，南阳桐柏县淮河自来水厂、安阳滑县第三水厂、平顶山舞钢市田岗水库、平顶山郏县南水北调源、信阳商城县鲇鱼山水库、南阳西峡县灌河自来水厂、许昌襄城县第三水厂、南阳镇平县赵湾水库8个水源地由良好变为优；洛阳栾川县七姑沟水库、南阳唐河县自来水公司、郑州荥阳市南水北调源、郑州登封市纸坊水库、信阳新县香山水库、洛阳栾川县石笼沟水库、许昌禹州市颍河橡皮坝7个水源地由优变为良好，其他27个水源地未发生水质级别变化（表2.4-17）。

表 2.4-17　2019 年与 2018 年县级城市地表水饮用水水源地水质综合评价比较

上级城市	城市名称	水源地名称	2019 年		2018 年	
			定性级别	水质类别	定性级别	水质类别
郑州	中牟县	中牟新城水厂	良好	II	良好	III
	巩义市	坞罗水库	良好	III	良好	III
	荥阳市	荥阳南水北调源	良好	II	优	II
	登封市	少林水库	良好	III	良好	III
		纸坊水库	良好	III	优	III
		白沙水库	轻污染	IV	轻污染	IV
洛阳	栾川县	大南沟水库	优	I	优	II
		石笼沟水库	良好	I	优	I
		九鼎沟水库	优	I	优	I
		七姑沟水库	良好	I	优	I
平顶山	宝丰县	宝丰县自来水公司	优	II	优	II
	郏县	郏县南水北调源	优	II	良好	II
	舞钢市	田岗水库	优	III	良好	III
安阳	汤阴县	汤阴县第一水厂	良好	II	良好	III
	滑县	滑县第三水厂	优	II	良好	II
	林州市	弓上水库	优	II	优	II
鹤壁	浚县	鹤壁华电水务有限公司	良好	II	良好	I
	淇县	骏港水务有限公司	优	II	优	II
新乡	获嘉县	新水水务有限公司	良好	II	良好	II
	长垣市	周营上延水源地保护区	优	II	优	II
	卫辉市	卫辉南水北调源	良好	III	良好	II
焦作	修武县	修武县水务公司	良好	III	良好	III
	博爱县	引丹渠口进水口	良好	III	良好	III
许昌	襄城县	襄城县第三水厂	优	II	良好	III
	禹州市	颍河橡皮坝	良好	III	优	II
漯河	临颍县	清泉自来水公司	优	II	优	II
三门峡	渑池县	裴窑水库	良好	III	良好	III
		西段村水库	良好	III	良好	III

上级城市	城市名称	水源地名称	2019年		2018年	
			定性级别	水质类别	定性级别	水质类别
南阳	西峡县	西峡县灌河自来水厂	优	Ⅱ	良好	Ⅲ
	镇平县	赵湾水库	优	Ⅱ	良好	Ⅱ
	社旗县	社旗县南水北调源	优	Ⅱ	优	Ⅱ
	唐河县	唐河县自来水公司	良好	Ⅱ	优	Ⅱ
	桐柏县	淮河自来水厂	优	Ⅱ	良好	Ⅱ
信阳	罗山县	罗山县龙山水库	良好	Ⅲ	良好	Ⅲ
		罗山县小龙山水库	良好	Ⅲ	—	—
	光山县	光山县泼河水库	良好	Ⅲ	良好	Ⅲ
	新县	香山水库取水口	良好	Ⅲ	优	Ⅱ
	商城县	商城县鲇鱼山水库	优	Ⅱ	良好	Ⅱ
	固始县	史河地表水厂取水口	良好	Ⅱ	良好	Ⅱ
	潢川县	邬桥水库取水口	良好	Ⅲ	良好	Ⅲ
驻马店	确山县	薄山水库	良好	Ⅲ	良好	Ⅱ
	泌阳县	宋家场水库	良好	Ⅲ	良好	Ⅲ
全省			良好	Ⅱ	良好	Ⅱ

2.4.2.2 地下水水源地

（1）省辖市

① 单项因子对比

年均浓度变化

与2018年相比，2019年河南省省辖市地下水饮用水水源地22项评价因子年均浓度均无水质类别变化（表2.4-18）。

主要评价因子Ⅰ、Ⅱ类水质水源地百分比变化

与2018年相比，2019年河南省24个城市地下水饮用水水源地主要评价因子中，耗氧量、氨氮、硝酸盐、砷Ⅰ、Ⅱ类百分比分别降低0.5个百分点、4.2个百分点、7.4个百分点、9.7个百分点，总硬度、铬（六价）Ⅰ、Ⅱ类百分比分别升高4.2个百分点、3.7个百分点，Ⅰ、Ⅱ类百分比变化均在10个百分点以内；其他无变化（表2.4-19）。

表 2.4-18　2019 年与 2018 年省辖市地下水饮用水水源地部分污染因子年均值比较

单位：mg/L

项目	2019 年		2018 年		类别变化
	年均值	类别	年均值	类别	
总硬度	304	III	300	III	无
硫酸盐	81.5	II	81.0	II	无
氯化物	52.2	II	52.3	II	无
耗氧量	0.73	I	0.74	I	无
氨氮	0.029	II	0.025	II	无
氟化物	0.37	I	0.35	I	无
总大肠菌群	1.2 个/L	I	1.4 个/L	I	无
挥发酚	0.000 2	I	0.000 2	I	无
硝酸盐	4.34	II	4.08	II	无
亚硝酸盐	0.003	I	0.003	I	无
铁	0.021	I	0.037	I	无
锰	0.014 5	I	0.015 0	I	无
铜	0.005	I	0.005	I	无
锌	0.009	I	0.011	I	无
阴离子表面活性剂	0.025	II	0.025	II	无
氰化物	0.001 81	II	0.001 70	II	无
汞	0.000 023	I	0.000 022	I	无
砷	0.000 8	I	0.000 8	I	无
硒	0.000 2	I	0.000 2	I	无
镉	0.000 11	II	0.000 11	II	无
铬（六价）	0.002	I	0.003	I	无
铅	0.000 6	I	0.000 9	I	无

表 2.4-19　2019 年与 2018 年城市地下水饮用水水源地主要评价因子水质类别比较

项目	Ⅰ、Ⅱ类百分比/%		劣Ⅲ类百分比/%		Ⅰ、Ⅱ类百分比变化	劣Ⅲ类百分比变化
	2019 年	2018 年	2019 年	2018 年		
总硬度	37.5	33.3	0	0	4.2	0
硫酸盐	100	100	0	0	0	0
氯化物	100	100	0	0	0	0
耗氧量	95.8	96.3	0	0	−0.5	0
氨氮	95.8	100	0	0	−4.2	0
氟化物	100	100	0	0	0	0
总大肠菌群	100	100	0	0	0	0
挥发酚	100	100	0	0	0	0
硝酸盐	66.7	74.1	0	0	−7.4	0
亚硝酸盐	100	100	0	0	0	0
氰化物	100	100	0	0	0	0
汞	100	100	0	0	0	0
砷	79.2	88.9	0	0	−9.7	0
镉	100	100	0	0	0	0
铬（六价）	100	96.3	0	0	3.7	0
铅	100	100	0	0	0	0

② 综合评价对比

2018—2019 年，河南省省辖市地下水饮用水水源地水质浓度年均值除郑州东周水厂 2019 年水质级别为Ⅳ类以外，其他均优于或达到Ⅲ类标准。与 2018 年相比，2019 年全省可比的 24 个城市地下水饮用水水源地中，三门峡一水厂、涧北水厂由良好变为优，洛阳张庄水源混合、鹤壁集井由优变为良好，郑州东周水厂由良好变为轻污染，其他 19 个水源地未发生水质级别变化（表 2.4-20）。

表 2.4-20　2019 年与 2018 年省辖市地下水饮用水水源地主要评价因子水质类别比较

城市名称	水源地名称	2019 年		2018 年	
		定性级别	水质类别	定性级别	水质类别
郑州	井水厂	优	II	优	II
	东周水厂	轻污染	IV	良好	IV
	石佛水厂	良好	III	良好	III
开封	二水厂	良好	III	良好	III
洛阳	洛南水源混合	优	II	优	II
	张庄水源混合	良好	III	优	III
	李楼水源混合	良好	III	良好	III
安阳	三水厂	良好	III	良好	III
	四水厂	良好	III	良好	III
鹤壁	集井	良好	III	优	III
焦作	市二水厂	良好	III	良好	III
	市四水厂	优	III	优	III
	市六水厂	良好	III	良好	III
	市七水厂	良好	III	良好	III
许昌	董庄水厂	优	II	优	II
三门峡	一水厂	优	III	良好	III
	二水厂	优	II	优	III
	涧北水厂	优	III	良好	III
南阳	东水厂	优	II	优	II
	二水厂	优	II	优	II
周口	二水厂	良好	III	良好	III
	三水厂	优	III	优	III
济源	青多	良好	III	良好	III
	柴庄	良好	III	良好	III
全省		良好	III	良好	II

（2）县级城市

① 单项因子对比

年均浓度变化

与2018年相比，2019年县级城市地下水饮用水水源地22项评价的年均浓度稍有波动或基本持平，水质类别除亚硝酸盐变差以外，其他因子均无变化（表2.4-21）。

表2.4-21 2019年与2018年县级城市地下水饮用水水源地部分污染因子年均值比较

单位：mg/L

项目	2019年		2018年		类别变化
	年均值	类别	年均值	类别	
总硬度	244	II	243	II	无
硫酸盐	72.8	II	84.5	II	无
氯化物	52.2	II	62.0	II	无
耗氧量	0.80	I	0.80	I	无
氨氮	0.048	II	0.068	II	无
氟化物	0.53	I	0.50	I	无
总大肠菌群	1.3个/L	I	1.3个/L	I	无
挥发酚	0.000 5	I	0.000 5	I	无
硝酸盐	3.49	II	3.19	II	无
亚硝酸盐	0.011	II	0.009	I	变差
铁	0.022	I	0.018	I	无
锰	0.009 4	I	0.009 2	I	无
铜	0.009	I	0.007	I	无
锌	0.019	I	0.013	I	无
阴离子表面活性剂	0.036	II	0.032	II	无
氰化物	0.001 51	II	0.001 70	II	无
汞	0.000 059	I	0.000 035	I	无
砷	0.001 2	III	0.001 5	III	无
硒	0.000 4	I	0.000 3	I	无
镉	0.000 38	II	0.000 23	II	无
铬（六价）	0.003	I	0.003	I	无
铅	0.001 6	I	0.001 3	I	无

主要评价因子Ⅰ、Ⅱ类水质水源地百分比变化

与2018年相比，2019年河南省县级城市86个地下水饮用水水源地主要评价因子Ⅰ、Ⅱ类百分比中，总硬度降低0.4个百分点，硫酸盐升高4.5个百分点，氯化物升高3.3个百分点，耗氧量升高1.1个百分点，氨氮升高10.2个百分点，氟化物降低5.8个百分点，挥发酚降低3.6个百分点，硝酸盐降低6.0个百分点，亚硝酸盐降低2.4个百分点，汞降低8.2个百分点，砷升高11.1个百分点，镉降低8.2个百分点，铬（六价）降低0.1个百分点，铅降低4.7个百分点，Ⅰ、Ⅱ类百分比变化均在20个百分点以内；劣Ⅲ类百分比中，硫酸盐降低1.1个百分点，氟化物升高5.8个百分点，劣Ⅲ类百分比变化均在10个百分点以内；其他无变化（表2.4-22）。

表2.4-22 2019年与2018年县级城市地下水饮用水水源地主要评价因子水质类别比较

项目	Ⅰ、Ⅱ类百分比/%		劣Ⅲ类百分比/%		Ⅰ、Ⅱ类百分比变化	劣Ⅲ类百分比变化
	2019年	2018年	2019年	2018年		
总硬度	67.4	67.8	0	0	−0.4	0
硫酸盐	90.7	86.2	0	1.1	4.5	−1.1
氯化物	95.3	92.0	0	0	3.3	0
耗氧量	100	98.9	0	0	1.1	0
氨氮	90.7	80.5	0	0	10.2	0
氟化物	94.2	100	5.8	0	−5.8	5.8
总大肠菌群	100	100	0	0	0	0
挥发酚	95.3	98.9	0	0	−3.6	0
硝酸盐	73.3	79.3	0	0	−6.0	0
亚硝酸盐	95.3	97.7	0	0	−2.4	0
氰化物	100	100	0	0	0	0
汞	88.4	96.6	0	0	−8.2	0
砷	67.4	56.3	0	0	11.1	0
镉	88.4	96.6	0	0	−8.2	0
铬（六价）	95.3	95.4	0	0	−0.1	0
铅	95.3	100	0	0	−4.7	0

② 综合评价对比

2018—2019年，河南省县级城市地下水饮用水水源地中除2018年濮阳范县老城区地下水井群水质级别为Ⅳ类、2019年濮阳清丰县八里庄水厂、周口项城市自来水公司、周口项城市供水厂、周口沈丘县沙南供水厂、濮阳台前县自来水厂水质级别均为Ⅳ类外，其他地下水饮用水水源地水质浓度年均值均优于或达到Ⅲ类标准。

与2018年相比，2019年河南省县级城市地下水饮用水水源地中，平顶山叶县自由路地下水井群为新增水源地，无可比性。其余85个水源地中，有8个水源地由良好变为优；有8个水源地由优变为良好；2个水源地由优变为轻污染；2个水源地由良好变为轻污染；其他65个水源地未发生水质级别变化（表2.4-23）。

表2.4-23　2019年与2018年县级城市地下水水源地水质综合评价比较

上级城市	城市名称	水源地名称	2019年		2018年	
			定性级别	水质类别	定性级别	水质类别
郑州	巩义市	巩义三水厂地下水井群	优	Ⅲ	优	Ⅲ
	新密市	五里店水井	良好	Ⅲ	良好	Ⅲ
		老城水井	良好	Ⅲ	良好	Ⅲ
		西关水井	良好	Ⅲ	良好	Ⅲ
		前村水井	良好	Ⅲ	良好	Ⅲ
	新郑市	新郑市水厂	优	Ⅲ	优	Ⅲ
开封	杞县	杞县第二水厂	优	Ⅲ	优	Ⅲ
	通许县	通许县二水厂	良好	Ⅲ	优	Ⅲ
	尉氏县	尉氏县一水厂地下水井群	优	Ⅲ	优	Ⅲ
		尉氏县二水厂	优	Ⅲ	优	Ⅲ
	兰考县	兰考县自来水公司1号井	优	Ⅲ	良好	Ⅲ
洛阳	孟津县	李窑—寺河南地下水井群	良好	Ⅲ	良好	Ⅲ
	新安县	新安县上河地下水井群	良好	Ⅲ	良好	Ⅲ
		新安县南岗地下水井群	良好	Ⅲ	良好	Ⅲ
	嵩县	嵩县伊河玉泉山水厂	良好	Ⅲ	良好	Ⅲ
	汝阳县	龙泉自来水公司地下水井群	优	Ⅲ	优	Ⅱ
	宜阳县	宜阳县第一水厂	良好	Ⅲ	良好	Ⅲ
		宜阳县第二水厂	良好	Ⅲ	良好	Ⅲ
		宜阳县第三水厂	良好	Ⅲ	优	Ⅱ

上级城市	城市名称	水源地名称	2019 年		2018 年	
			定性级别	水质类别	定性级别	水质类别
洛阳	洛宁县	洛宁县一水厂	良好	III	良好	III
		洛宁县二水厂	良好	III	良好	III
	伊川县	伊川县平等乡地下水井群	良好	III	良好	III
		伊川县南苑水厂地下水井群	良好	III	良好	III
	偃师市	二水厂地下水井群	优	II	优	II
平顶山	叶县	叶县盐都水务地下水井群	优	III	良好	III
		叶县东升洁地下水井群	良好	III	良好	III
		叶县自由路地下水井群	优	III	—	—
	汝州市	汝州市自来水公司	良好	III	良好	III
新乡	原阳县	原阳县水厂地下水井群	优	III	优	III
	延津县	延津县水厂地下水井群	优	III	优	III
	封丘县	封丘县边庄地下水井群	良好	III	良好	III
	辉县市	段屯地下水井群	优	II	优	II
焦作	温县	温县中张王庄滩地下水井群	良好	III	优	III
	沁阳市	沁阳市地下水井群	良好	III	良好	III
	孟州市	孟州市地下水井群	良好	III	优	III
濮阳	清丰县	八里庄水厂泵房	良好	IV	良好	III
	范县	老城区地下水井群	良好	III	良好	IV
	台前县	县自来水厂	轻污染	IV	良好	III
许昌	鄢陵县	鄢陵县康源公司地下水井群	优	II	优	III
	长葛市	长葛地下水井群	良好	II	良好	III
漯河	舞阳县	舞阳县城市供水厂配水井	良好	II	良好	II
三门峡	卢氏县	万吨水厂	良好	III	良好	III
		东湾林场水厂	良好	III	良好	III
	义马市	义煤集团 450 水厂	优	II	良好	III
		义马市水厂	良好	III	优	II
南阳	南召县	南召县黄鸭河	优	III	优	III
	方城县	方城县贺大庄地下水井群	优	II	优	III
	内乡县	内乡县凉泉地下水井群	优	II	良好	III
		内乡县湍河地下水井群	优	II	良好	III

上级城市	城市名称	水源地名称	2019年		2018年	
			定性级别	水质类别	定性级别	水质类别
南阳	淅川县	淅川县马家石咀地下水井群	良好	III	良好	III
		淅川县金河地下水井群	优	II	优	II
		淅川县牛尾山地下水井群	良好	III	良好	III
	新野县	中技铭沣水务有限公司地下水井群	优	III	优	III
	邓州市	市自来水公司沉砂池	优	III	优	II
商丘	民权县	一水厂汇水口	优	III	良好	III
		二水厂汇水口	优	III	良好	III
	睢县	睢县二水厂汇水口	良好	III	良好	III
	宁陵县	殷楼2号井	良好	III	优	III
	柘城县	后李楼汇水口	优	III	良好	III
	虞城县	二水厂汇水口	良好	III	优	III
	夏邑县	夏邑县二水厂地下水井群	良好	III	良好	III
		夏邑县三水厂地下水井群	良好	III	良好	III
	永城市	永城市水厂	良好	III	良好	III
信阳	淮滨县	淮滨县自来水厂	优	III	优	III
	息县	县城集中式地下水饮用水水源地	良好	III	优	II
周口	扶沟县	扶沟县银龙供水有限公司	优	III	优	II
	西华县	西华县银龙供水有限公司	优	III	优	II
	商水县	商水县一水厂	优	II	优	III
		商水县二水厂	优	II	优	II
	沈丘县	沈丘县沙南供水厂	轻污染	IV	优	III
	郸城县	郸城县一水厂	良好	III	良好	III
		郸城县二水厂	良好	II	良好	III
	淮阳县	淮阳县自来水公司	优	III	优	II
	太康县	太康县水厂	优	III	优	III
	鹿邑县	鹿邑县地下水饮用水水源地	良好	II	良好	III
	项城市	项城市供水厂	轻污染	IV	良好	III
		项城市自来水公司	轻污染	IV	优	III

上级城市	城市名称	水源地名称	2019 年		2018 年	
			定性级别	水质类别	定性级别	水质类别
驻马店	西平县	自来水厂周范地下水井群	优	III	优	III
	上蔡县	万通供水有限责任公司地下水井群	优	III	优	III
	平舆县	清源水业有限公司地下水井群	优	III	优	III
	正阳县	看守所东 4#	优	II	优	III
		真阳井（加气站）	优	II	优	III
	汝南县	西关井群配水站	优	III	优	III
	遂平县	遂平县莲花湖地下水井群	优	III	优	II
	新蔡县	新蔡县自来水公司	优	III	优	III
		仁和水厂	优	III	优	III
全省			良好	III	良好	III

2.4.2.3 总体评价

（1）省辖市

与 2018 年相比，2019 年河南省省辖市饮用水水源地水质均达到III类标准。新乡、漯河由良好变为优，其他 16 个城市的水源地水质级别保持不变（表 2.4-24 和图 2.4-4）。

表 2.4-24 2019 年与 2018 年省辖市饮用水水源地水质状况比较

城市名称	2019 年		2018 年	
	P 值	定性级别	*P* 值	定性级别
郑州	0.57	良好	0.53	良好
开封	0.53	良好	0.58	良好
洛阳	0.55	良好	0.55	良好
平顶山	0.41	优	0.46	优
安阳	0.55	良好	0.54	良好
鹤壁	0.45	优	0.43	优
新乡	0.50	优	0.51	良好
焦作	0.62	良好	0.60	良好
濮阳	0.37	优	0.35	优

城市名称	2019 年		2018 年	
	P 值	定性级别	P 值	定性级别
许昌	0.40	优	0.42	优
漯河	0.45	优	0.63	良好
三门峡	0.43	优	0.49	优
南阳	0.24	优	0.35	优
商丘	0.65	良好	0.61	良好
信阳	0.42	优	0.43	优
周口	0.47	优	0.50	优
驻马店	0.47	优	0.42	优
济源	0.62	良好	0.60	良好
全省	0.48	优	0.50	优

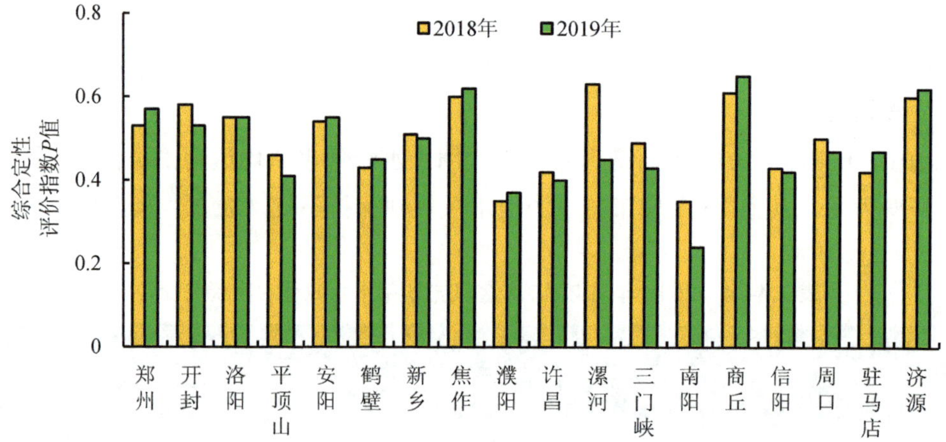

图 2.4-4 2019 年与 2018 年省辖市饮用水水源地水质状况

（2）县级城市

与 2018 年相比，2019 年河南省县级城市饮用水水源地中，除郑州登封市白沙水库 1 个地表水饮用水水源地水质级别仍为Ⅳ类，濮阳清丰县八里庄水厂、周口项城市自来水公司、周口项城市供水厂、周口沈丘县沙南供水厂、濮阳台前县自来水厂 5 个地下水水源地水质级别由Ⅲ类变为Ⅳ类，其他饮用水水源地水质均仍为Ⅲ类及以上。

水质由良好变为优的有南阳内乡县、商丘柘城县、南阳桐柏县、开封兰考县、安阳滑县、商丘民权县、平顶山叶县、平顶山郏县、平顶山舞钢市、南阳淅川县、信阳商城县、许昌襄城县、南阳西峡县、南阳镇平县；由优变为良好的有三门峡义马市、南阳唐河县、郑州荥阳市、商丘虞城县、商丘宁陵县、信阳新县、许昌禹州市、开封通许县、焦作孟州市、信阳息县、焦作温县；由良好变为轻污染的有周口项城市、濮阳台前县；由优变为轻污染的为周口沈丘县，其他 69 个城市的水源地水质级别保持不变（表 2.4-25）。

表 2.4-25 2019 年与 2018 年县级城市饮用水水源地水质状况比较

上级城市	城市名称	2019 年		2018 年	
		定性级别	水质类别	定性级别	水质类别
郑州	中牟县	0.55	良好	0.55	良好
	巩义市	0.59	良好	0.54	良好
	荥阳市	0.53	良好	0.42	优
	新密市	0.64	良好	0.60	良好
	新郑市	0.41	优	0.44	优
	登封市	0.71	良好	0.70	良好
开封	杞县	0.48	优	0.48	优
	通许县	0.62	良好	0.48	优
	尉氏县	0.49	优	0.49	优
	兰考县	0.45	优	0.69	良好
洛阳	孟津县	0.51	良好	0.56	良好
	新安县	0.66	良好	0.65	良好
	栾川县	0.50	优	0.46	优
	嵩县	0.55	良好	0.60	良好
	汝阳县	0.45	优	0.38	优
	宜阳县	0.58	良好	0.61	良好
	洛宁县	0.69	良好	0.68	良好
	伊川县	0.70	良好	0.62	良好
	偃师市	0.40	优	0.43	优
平顶山	宝丰县	0.44	优	0.48	优
	叶县	0.49	优	0.52	良好
	郏县	0.49	优	0.52	良好
	舞钢市	0.49	优	0.59	良好
	汝州市	0.64	良好	0.57	良好

上级城市	城市名称	2019年		2018年	
		定性级别	水质类别	定性级别	水质类别
安阳	汤阴县	0.56	良好	0.55	良好
	滑县	0.45	优	0.51	良好
	林州市	0.45	优	0.42	优
鹤壁	浚县	0.52	良好	0.54	良好
	淇县	0.39	优	0.38	优
新乡	获嘉县	0.53	良好	0.58	良好
	原阳县	0.38	优	0.50	优
	延津县	0.48	优	0.40	优
	封丘县	0.54	良好	0.63	良好
	长垣市	0.49	优	0.48	优
	卫辉市	0.54	良好	0.52	良好
	辉县市	0.41	优	0.42	优
焦作	修武县	0.56	良好	0.65	良好
	博爱县	0.54	良好	0.70	良好
	温县	0.66	良好	0.43	优
	沁阳市	0.63	良好	0.63	良好
	孟州市	0.63	良好	0.46	优
濮阳	清丰县	0.79	良好	0.62	良好
	范县	0.69	良好	0.77	良好
	台前县	1.06	轻污染	0.69	良好
许昌	鄢陵县	0.36	优	0.49	优
	襄城县	0.50	优	0.61	良好
	禹州市	0.59	良好	0.44	优
	长葛市	0.60	良好	0.64	良好
漯河	舞阳县	0.71	良好	0.72	良好
	临颍县	0.50	优	0.49	优
三门峡	渑池县	0.57	良好	0.66	良好
	卢氏县	0.68	良好	0.57	良好
	义马市	0.51	良好	0.49	优

上级城市	城市名称	2019 年		2018 年	
		定性级别	水质类别	定性级别	水质类别
南阳	南召县	0.29	优	0.38	优
	方城县	0.39	优	0.48	优
	西峡县	0.50	优	0.61	良好
	镇平县	0.50	优	0.53	良好
	内乡县	0.36	优	0.61	良好
	淅川县	0.49	优	0.51	良好
	社旗县	0.45	优	0.50	优
	唐河县	0.51	良好	0.49	优
	新野县	0.48	优	0.36	优
	桐柏县	0.40	优	0.58	良好
	邓州市	0.44	优	0.43	优
商丘	民权县	0.48	优	0.63	良好
	睢县	0.53	良好	0.61	良好
	宁陵县	0.58	良好	0.49	优
	柘城县	0.38	优	0.58	良好
	虞城县	0.54	良好	0.44	优
	夏邑县	0.72	良好	0.69	良好
	永城市	0.64	良好	0.66	良好
信阳	罗山县	0.60	良好	0.52	良好
	光山县	0.63	良好	0.68	良好
	新县	0.58	良好	0.42	优
	商城县	0.49	优	0.56	良好
	固始县	0.54	良好	0.51	良好
	潢川县	0.58	良好	0.55	良好
	淮滨县	0.45	优	0.41	优
	息县	0.63	良好	0.49	优
周口	扶沟县	0.42	优	0.36	优
	西华县	0.45	优	0.42	优
	商水县	0.40	优	0.37	优

上级城市	城市名称	2019年		2018年	
		定性级别	水质类别	定性级别	水质类别
周口	沈丘县	0.89	轻污染	0.49	优
	郸城县	0.65	良好	0.62	良好
	淮阳县	0.50	优	0.37	优
	太康县	0.47	优	0.45	优
	鹿邑县	0.51	良好	0.61	良好
	项城市	0.85	轻污染	0.52	良好
驻马店	西平县	0.46	优	0.40	优
	上蔡县	0.37	优	0.37	优
	平舆县	0.37	优	0.36	优
	正阳县	0.45	优	0.42	优
	确山县	0.56	良好	0.54	良好
	泌阳县	0.53	良好	0.60	良好
	汝南县	0.45	优	0.49	优
	遂平县	0.37	优	0.41	优
	新蔡县	0.47	优	0.47	优
全省		0.53	良好	0.53	良好

2.4.3 原因分析

2019年，河南省省辖市饮用水水源地浓度年均值评价水质级别为优。18个省辖市水质级别：11个为优（同比增加2个），7个良好。主要原因如下：

各级地表水饮用水水源保护区内，禁止任何企业事业单位和个人向水体排放油类、酸类、碱液或者剧毒废液；禁止在水体清洗装贮过油类或者有毒污染物的车辆和容器；禁止向水体排放、倾倒含有汞、镉、砷、镉、铅、氢化物、黄磷等可溶性剧毒废渣；禁止向水体排放、倾倒工业废渣、城市垃圾、放射性废弃物和其他废弃物；禁止向水体排放含有病原体和高、中放射性的废水；禁止在最高水位线以下的滩地和岸坡堆放、存贮固体废弃物和其他污染物。地表水饮用水水源一级保护区内，禁止任何企业事业单位和个人设置排污口；禁止新建、改建、扩建与供水设施和保护水源无关的建设项目；已建成的建设项目应责令拆除或关闭；禁止从事网箱养殖、旅游、游泳、垂钓或者其他可能污染饮用水水体的活动。地表水饮用水水源二级保护区内，禁止任何企业事业单位和个人设置排污口；禁止新建、改建、扩建排放污染物的建设项目；已建成的排放污染物的建设项目应责令拆除或关闭；从事网箱养殖、旅游等活动的单位或个人，应采取防止污染饮用水水体措施。地表水饮用水水源准保护区内，禁止新建、扩建对水体污染严重的建设项目；改建项目不得增加排污量。

地下水饮用水水源保护区内，禁止任何企业事业单位和个人利用渗井、渗坑、裂隙和溶洞排放、倾倒含有毒污染物的废水、含病原体的污水和其他废弃物；禁止利用无防渗措施的沟渠、坑塘等输送或者存贮含有毒污染物的废水、含病原体的污水和其他废弃物。

2.5 城市声环境质量

2.5.1 现状评价

2.5.1.1 城市区域声环境

2019 年，河南省 18 个省辖市开展了城市区域噪声监测，有效测点数为 3 650 个。全省城市区域噪声昼间平均等效声级为 53.8 dB（A），为较好。

各省辖市城市建成区环境噪声平均等效声级为 49.7～60.1 dB（A）。商丘市平均等效声级为 49.7 dB（A），级别为好，占监测城市的 5.6%；12 个城市平均等效声级低于 55 dB（A），级别为较好，分别是濮阳、济源、周口、开封、漯河、三门峡、信阳、洛阳、焦作、新乡、安阳、南阳，占监测城市的 66.7%；4 个城市平均等效声级高于 55 dB（A），级别为一般，分别是许昌、鹤壁、郑州、驻马店，占监测城市的 22.2%。平顶山市建成区声环境噪声平均等效声级为 60.1 dB（A），级别为较差，占监测城市的 5.6%（图 2.5-1）。

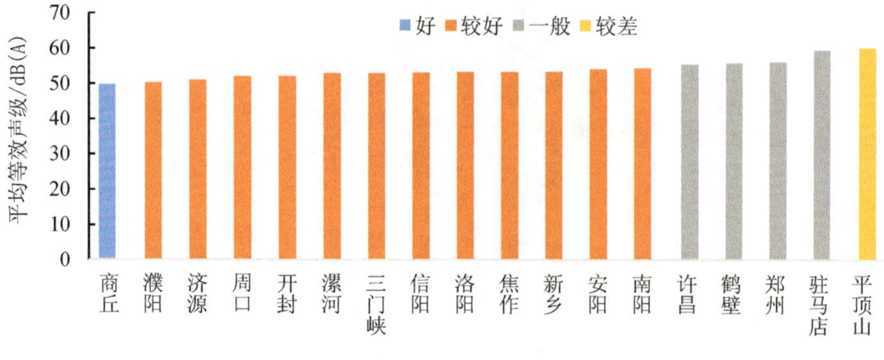

图 2.5-1 2019 年城市区域噪声昼间平均等效声级比较

河南省城市区域环境噪声监测的网格覆盖面积共 1 048.5 km^2，覆盖人口总数为 233.8 万人。全省生活在声环境质量为好、较好、一般、较差、差的人口分别有 51.3 万人、114.7 万人、51.2 万人、11.7 万人、4.9 万人，覆盖的城市区域面积分别为 199.0 km^2、514.5 km^2、242.2 km^2、68.9 km^2、23.9 km^2。

2019 年河南省声源构成表明，生活噪声影响范围最广，占 54.7%；交通和工业噪声源影响范围不大，分别占 18.7%和 10.8%；施工噪声源影响范围较小，占 2.9%；其他噪声源占 13.0%。交通噪声声源强度最大，平均等效声级为 55.3 dB（A）；其次是工业噪声、施工噪声、其他噪声和生活噪声，平均等效声级分别为 54.3 dB（A）、54.3 dB（A）、53.6 dB（A）和 53.2 dB（A）（图 2.5-2 和图 2.5-3）。

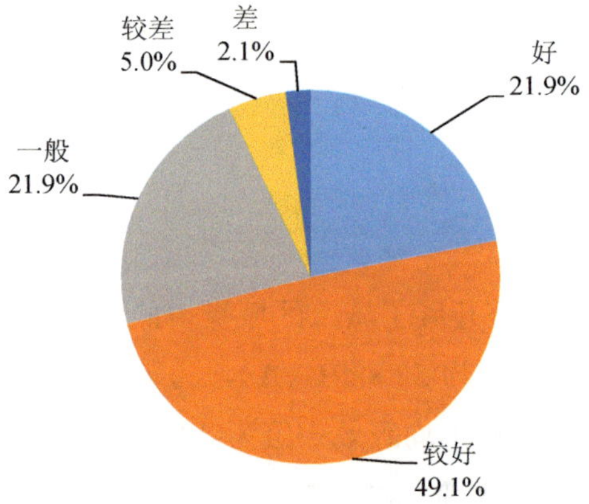

图 2.5-2　2019 年河南省暴露在不同等效声级人口比例

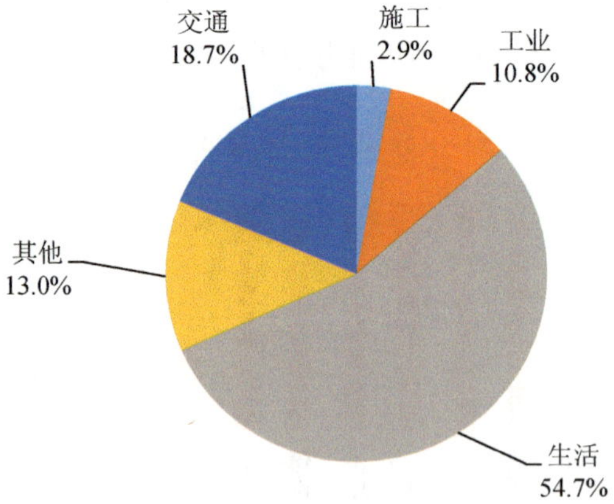

图 2.5-3　2019 年河南省区域声源构成情况

2.5.1.2 城市功能区声环境

河南省 18 个省辖市开展了城市功能区噪声监测，共监测 85 个点位。全省城市功能区噪声定期监测的测点达标率为 65.1%。各功能区达标情况为：工业区、混合区达标情况较好，测点达标率分别为 86.9%、75.5%，交通干线两侧、居民文教区和特殊住宅区测点达标率依次为 72.9%、65.2%和 25.0%。

功能区声环境质量较好的城市有漯河、南阳、周口、开封、濮阳、济源、洛阳、商丘、许昌、信阳测点达标率均超过 80%；焦作、鹤壁、安阳、驻马店、新乡 5 个城市达标率为 60%～80%；郑州、三门峡、平顶山达标率不及 60%，超标现象严重（图 2.5-4）。

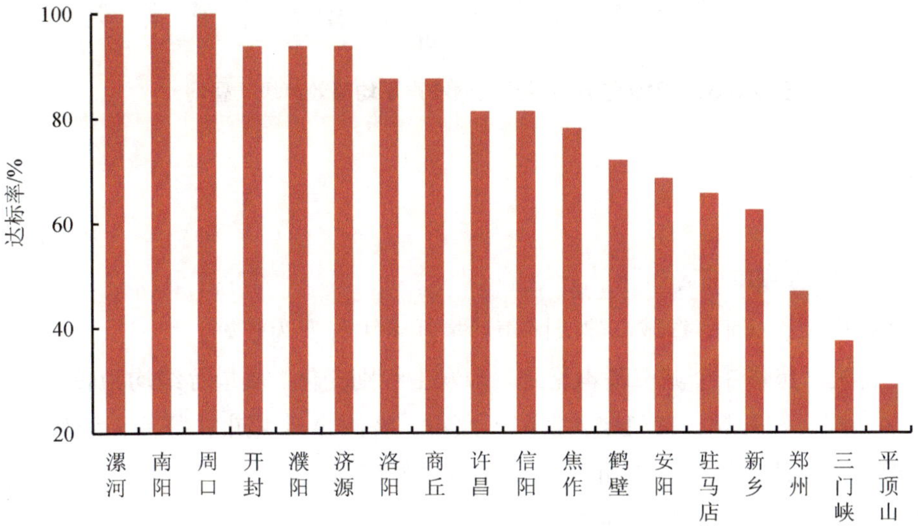

图 2.5-4 2019 年城市功能区噪声达标率排序

2.5.1.3 城市道路交通声环境

河南省 18 个省辖市开展了城市交通噪声监测，共监测路段长度约为 1 515.3 km。各省辖市交通干线车流量为 43.8～2 749.3 辆/h，平均等效声级在 57.9～70.3 dB（A），其中 1 309.7 km 路段等效声级符合交通干线两侧（4 类）昼间标准，占 86.4%。

商丘、漯河、周口、济源、安阳、焦作、濮阳、洛阳、鹤壁、平顶山、郑州、许昌、三门峡、南阳、开封 15 个城市交通噪声干线两侧平均等效声级小于 68 dB（A），道路交通声环境质量为好；信阳、新乡 2 个城市平均等效声级为 68.2～69.9 dB（A），为较好；驻马店市平均等效声级为 70.3 dB（A），为一般（图 2.5-5）。

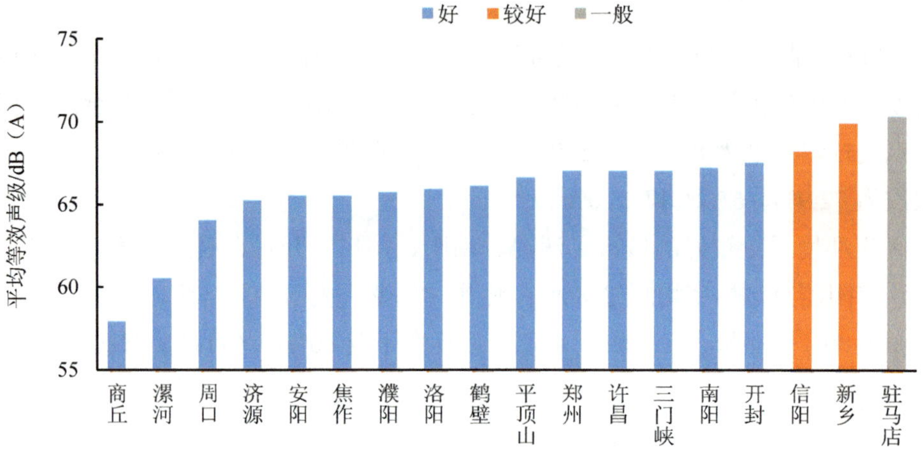

图 2.5-5　2019 年城市道路交通噪声平均等效声级（昼间）

2.5.2　对比分析

2.5.2.1　城市区域噪声环境对比

与 2018 年相比，河南省城市建成区声环境质量由好变为较好。

南阳、漯河、焦作 3 个城市基本稳定，未发生级别变化，质量等级均为较好；洛阳、安阳、新乡、周口、开封、三门峡、信阳、濮阳、济源 9 个城市由好变为较好；鹤壁由好变为一般；驻马店、许昌、郑州 3 个城市由较好变为一般；平顶山由较好变为较差；商丘有所改善，由较好变为好（表 2.5-1）。

表 2.5-1　2019 年与 2018 年城市建成区昼间噪声平均等效声级比较

单位：dB（A）

城市名称	2019年		2018年		城市名称	2019年		2018年	
	L_{eq}	级别	L_{eq}	级别		L_{eq}	级别	L_{eq}	级别
郑州	56	一般	52.1	较好	许昌	55.4	一般	50.7	较好
开封	52	较好	47.8	好	漯河	52.8	较好	50.8	较好
洛阳	53.2	较好	48.1	好	三门峡	52.8	较好	48.9	好
平顶山	60.1	较差	50.6	较好	南阳	54.3	较好	50.7	较好
安阳	54	较好	49.3	好	商丘	49.7	好	51.8	较好
鹤壁	55.7	一般	49.9	好	信阳	53	较好	49.3	好
新乡	53.3	较好	49	好	周口	51.9	较好	47.6	好

城市名称	2019 年		2018 年		城市名称	2019 年		2018 年	
	L_{eq}	级别	L_{eq}	级别		L_{eq}	级别	L_{eq}	级别
焦作	53.2	较好	51.3	较好	驻马店	59.4	一般	53.6	较好
濮阳	50.2	较好	46.9	好	济源	50.9	较好	48	好
全省	53.8	较好	49.8	好					

河南省声源结构未见明显变化，影响范围最广的噪声源仍是生活噪声。交通噪声、工业噪声强度分别增加 3.8 dB（A）、4 dB（A），施工、其他、生活噪声强度分别增加 4.9 dB（A）、4.3 dB（A）、4 dB（A）。

2.5.2.2　城市功能区噪声环境对比

与 2018 年相比，2019 年河南省城市功能区噪声测点达标率下降 3.4 个百分点，其中，昼间达标率降低 6.3 个百分点，夜间达标率降低 0.4 个百分点。从各功能区的达标情况来看，特殊住宅区域达标率降低 12.5 个百分点，其他功能区变化不大（图 2.5-6）。

郑州、漯河、济源 3 市功能区声环境质量比 2018 年有所改善，达标率分别升高 18.8、18.7、12.5 个百分点；平顶山、新乡、三门峡 3 市功能区声环境质量比 2018 年有所下降，达标率分别下降 25、12.5、28.1 个百分点；其他 12 个城市与 2018 年基本持平。

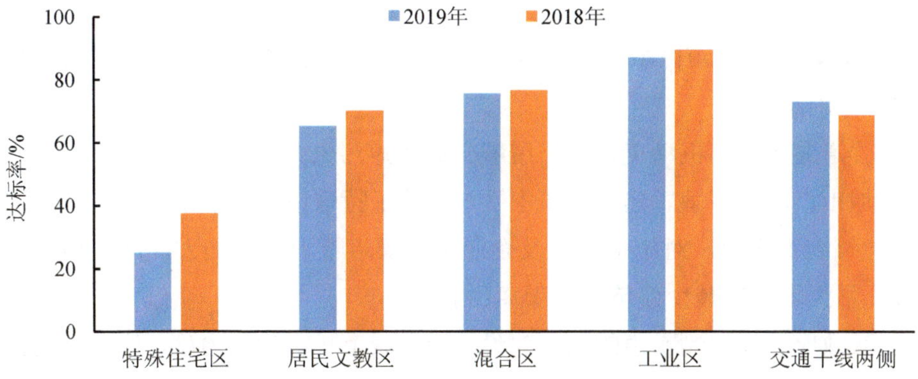

图 2.5-6　2019 年与 2018 年城市各功能区噪声达标率比较

2.5.2.3　道路交通噪声环境对比

与 2018 年相比，河南省道路交通干线两侧昼间声环境质量基本稳定，质量等级仍为好。其中周口、洛阳、焦作、济源、三门峡、平顶山、濮阳、许昌、鹤壁、漯河、郑州、商丘、安阳 13 个城市未发生级别变化，质量等级均为好；开封、南阳 2 个城市由较好变为好；新乡、信阳 2 个城市由好变为较好；驻马店由较好变为一般（表 2.5-2）。

表 2.5-2 2019 年与 2018 年城市昼间道路交通环境噪声比较

单位：dB（A）

城市名称	2019 年		2018 年		城市名称	2019 年		2018 年	
	L_{eq}	级别	L_{eq}	级别		L_{eq}	级别	L_{eq}	级别
郑州	67	好	68.0	好	许昌	67	好	67.5	好
开封	67.5	好	68.7	较好	漯河	60.5	好	63.1	好
洛阳	65.9	好	66.5	好	三门峡	67	好	67.7	好
平顶山	66.6	好	66.6	好	南阳	67.2	好	68.4	较好
安阳	65.5	好	68.0	好	商丘	57.9	好	64.1	好
鹤壁	66.1	好	66.8	好	信阳	68.2	较好	66.6	好
新乡	69.9	较好	67.4	好	周口	64	好	61.1	好
焦作	65.5	好	65.6	好	驻马店	70.3	一般	69.5	较好
濮阳	65.7	好	67.3	好	济源	65.2	好	67.6	好
全省	65.9	好	66.7	好					

2.5.3 原因分析

2019 年，河南省城市区域、功能区、城市道路交通整体声环境质量继续保持较好状态，其主要原因是：

◇ 加强道路建设和机动车管理，缓解交通噪声污染。

◇ 在城市市区噪声敏感建筑物集中区域，除了特殊情况，禁止夜间进行产生环境噪声污染的建筑施工作业，对施工噪声及企业工业噪声管理力度加大，严格控制点源噪声排放时段，最大限度地减少建筑施工噪声的影响。

◇ 各级政府重视控制噪声的法规建设，加大城市噪声管理力度，保证市民良好的生活环境。

◇ 通过城市创建工作，提高各地政府对于噪声防治的重视程度，运用行政、法律手段加强管理。

◇ 各级政府加大了噪声扰民危害的宣传教育，通过“六五”环境日创模活动引导市民的日常行为，市民素质日益提高，社会普遍重视，有力促进了噪声污染的防治。

2.6 生态环境质量

由于2019年河南省环境统计、水资源和社会经济等数据尚未正式公布，因此本章现状评价选用2018年数据。

2.6.1 生态环境状况

2018年河南省生态环境状况指数（EI）值为53，生态环境质量等级为“一般”。

2.6.1.1 省辖市生态环境状况评价

根据《生态环境状况评价技术规范》(HJ 192—2015）对全省及各省辖市生态环境质量状况进行评价（表2.6-1和图2.6-1）。

表2.6-1 2018年河南省省辖市生态环境状况等级

城市	EI	生态环境质量类型	城市	EI	生态环境质量类型
郑州	45.4	一般	许昌	49.7	一般
开封	48.2	一般	漯河	52.2	一般
洛阳	66.0	良	三门峡	72.8	良
平顶山	56.5	良	南阳	58.2	良
安阳	52.4	一般	商丘	51.8	一般
鹤壁	55.3	良	信阳	60.3	良
新乡	52.0	一般	周口	47.4	一般
焦作	53.9	一般	驻马店	54.2	一般
濮阳	51.5	一般	济源	65.6	良

以省辖市为评价单元，全省生态环境状况共分为2个等级，即“良”和“一般”，分别占河南省总面积的50.3%、49.7%，评价体系中所指的“优”“较差”和“差”类在河南省没有出现。

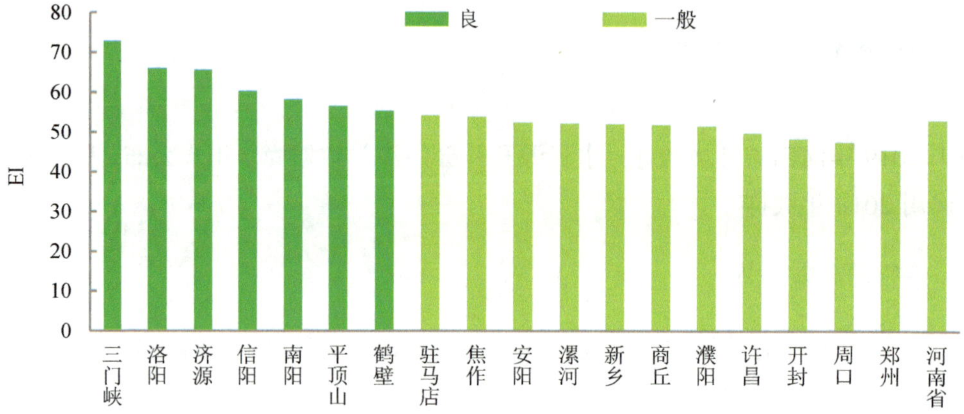

图 2.6-1 2018 年河南省省辖市生态环境状况指数柱状

2.6.1.2 省辖市生态环境状况分析

（1）生态环境状况空间分布特征

河南省生态环境质量等级为“良”的省辖市主要分布在豫西、豫南的山地丘陵区，约占全省总面积的 50.3%；等级为“一般”的省辖市主要分布在黄淮海平原地区，约占全省总面积的 49.7%（图 2.6-2）。

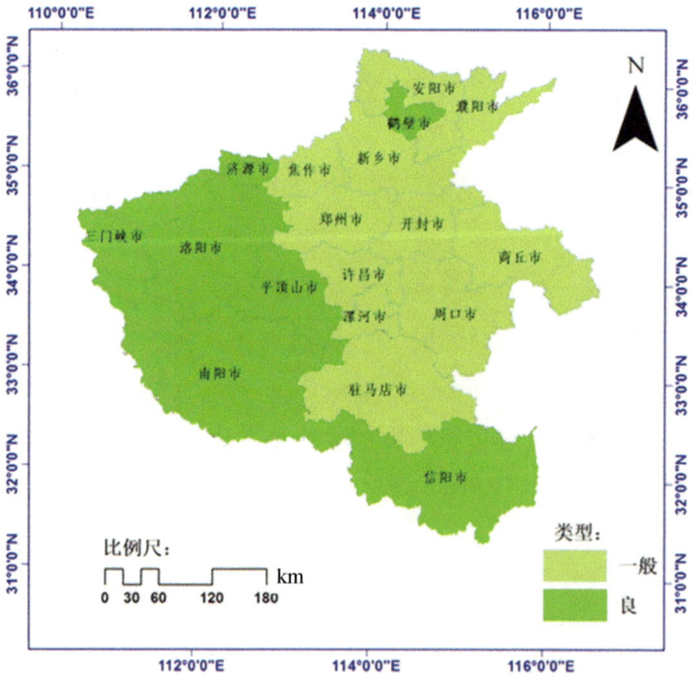

图 2.6-2 2018 年河南省省辖市生态环境质量状况等级空间分布

（2）生态环境状况类型的人口比

根据生态环境状况分类级别，计算出河南省各生态环境质量类型的人口百分比，其中生态环境质量等级为“良”的省辖市人口占全省总人口的 34.7%，等级为“一般”的省辖市人口占全省总人口的 65.3%。

（3）生态环境状况类型的国内生产总值（GDP）比

根据生态环境状况分类级别，计算出河南省各生态环境质量类型的 GDP 比，其中生态环境质量等级为“良”的省辖市 GDP 占全省 GDP 总量的 32.6%，等级为“一般”的省辖市 GDP 占全省 GDP 总量的 67.4%。

从空间、人口、经济三个方面来看，生态环境质量等级为“一般”的省辖市与等级为“良”的省辖市相比，人口相对较密集，经济所占的比重较大。2018 年生态环境质量等级为“良”的省辖市经济密度为 1 910.6 万元/km^2，人口密度为 462.8 人/km^2；生态环境质量等级为“一般”的省辖市经济密度为 3 991.5 万元/km^2，人口密度为 881.5 人/km^2。生态环境质量等级为“一般”的省辖市每平方千米比生态环境质量等级为“良”的省辖市多 418 人，经济密度多 2 080 万元，生态环境质量等级为“一般”的省辖市经济密度、人口密度分别是等级为“良”的省辖市的 2.1 倍、1.9 倍。

2.6.2 对比分析

对比分析 2018 年与 2017 年河南省各省辖市生态环境状况指数（EI）值的变化情况，并依据生态环境状况变化幅度分类标准划分等级。全省 EI 值从 2017 年的 53.4 变化为 2018 年的 53，下降了 0.4，属无明显变化。省辖市 7 个略微变好，6 个无明显变化，5 个略微变差，漯河和信阳下降最多，均下降 2.8，洛阳上升最多，为 2.9（图 2.6-3）。

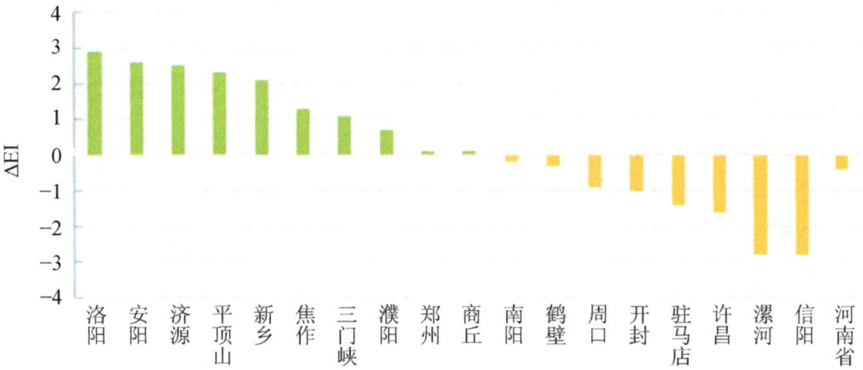

图 2.6-3 2018 年与 2017 年河南省生态环境质量变化幅度

2.7 农村环境质量

2.7.1 现状评价

2.7.1.1 农村环境状况评价

（1）村庄环境空气质量评价

2019年河南省共监测78个村庄，有效监测天数1 560天，其中AQI达标天数为1 391天，达标率达89.2%，主要超标污染物为$PM_{2.5}$、PM_{10}。

（2）村庄饮用水水源地水质评价

① 地表水饮用水水源地水质评价

2019年全省监测了15个村庄地表水饮用水水源地水质，共监测60次，达标次数为50次，水质达标率为83.3%，主要超标污染物为总氮、总磷、五日生化需氧量。

② 地下水饮用水水源地水质评价

2019年全省监测了63个村庄地下水饮用水水源地水质，共监测252次，达标次数为171次，水质达标率为67.9%，主要超标污染物为氨氮、亚硝酸盐氮、磷酸盐等。

（3）村庄周边土壤环境质量评价

2019年全省共监测村庄周边土壤245个点位，230个点位各项污染因子浓度均小于风险筛选值，所占比例为93.9%；15个点位有个别污染因子大于风险筛选值，但小于风险管制值，所占比例为6.1%，浓度较高因子为镉和镍。未见土壤污染物超出风险管制值。

（4）县域地表水水质评价

2019年全省监测了111个县域地表水断面，共监测444次，达标次数为266次，水质达标率为59.9%，主要超标污染物为化学需氧量、五日生化需氧量、高锰酸盐指数、总磷、氨氮、总氮、氟化物、粪大肠菌群、石油类和挥发酚等。

（5）农村环境状况指数综合评价

依据《农村环境质量综合评价技术规定》进行评价，2019年，河南省农村环境状况指数为75，环境状况分级为良。按照县域统计，全省参与村庄监测的54个县域中，农村环境状况分级为良的县有29个，占比53.7%；分级为一般的县有24个，占比44.4%；分级为较差的县有1个，占比1.9%。

2.7.1.2 农村生态状况评价

2019年，河南省农村生态状况指数为36.2，分级为一般。2019年参与村庄监测的54个县域中，农村生态状况评价分级为良的县有4个，占比7.4%；一般的县有20个，占比

37.0%，分级为较差的县有 30 个，占比 55.6%。

2.7.1.3 农村生态环境质量综合评价

2019 年，河南省农村环境质量综合状况指数为 60.4，分级为一般。参与村庄监测的 54 个县域中，农村生态环境质量综合状况评价分级为良的县有 5 个，占比 9.3%；一般的县有 46 个，占比 85.2%，分级为较差的县有 3 个，占比 5.5%。

2.7.2 对比分析

2019 年与 2018 年相比，18 个省辖市 25 个县（2019 年的新增县除外）农村环境状况指数变化值（ΔI_{env}）为−10.8～6.5，无明显变化所占的比例为 64%，略微变化所占的比例为 32%，明显变化所占的比例为 4%（表 2.7-1 和图 2.7-1）。

表 2.7-1 各县域农村环境状况变化度分级统计

变化度	县域
略微变好	辉县市、沈丘县
无明显变化	登封市、邓州市、光山县、浚县、临颍县、卢氏县、鲁山县、栾川县、南乐县、内乡县、商城县、桐柏县、尉氏县、西峡县、新县、鄢陵县
略微变差	济源市、罗山县、宁陵县、遂平县、淅川县、殷都区
明显变差	修武县

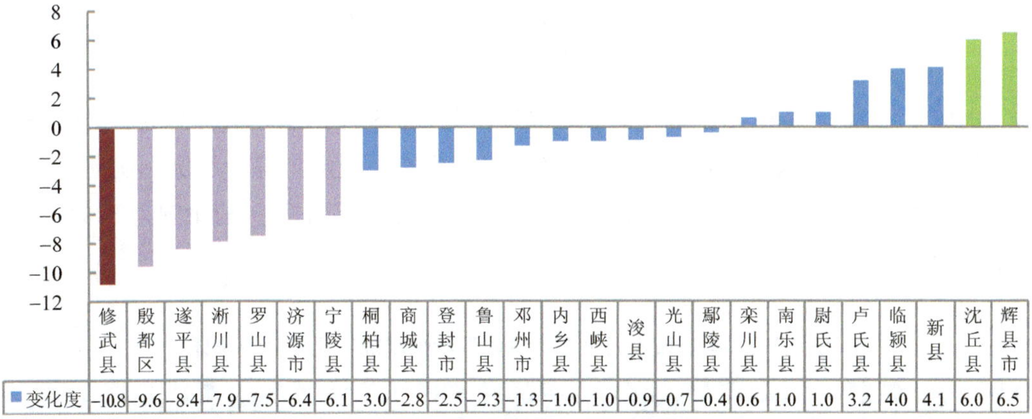

图 2.7-1 各县域农村环境状况变化度

2019 年与 2018 年相比，18 个省辖市 25 县（2019 年的新增县除外）农村生态状况指数变化值（ΔI_{eco}）为−1.8～4.7，无明显变化所占的比例为 56%，略微变化所占的比例为 40%，明显变化所占的比例为 4%（表 2.7-2 和图 2.7-2）。

表 2.7-2 各县域农村生态状况变化度分级统计

变化度	县域
明显变好	淅川县
略微变好	济源市
无明显变化	登封市、邓州市、辉县市、浚县、临颍县、卢氏县、栾川县、南乐县、桐柏县、尉氏县、西峡县、新县、鄢陵县、殷都区
略微变差	宁陵县、遂平县、鲁山县、修武县、商城县、内乡县、沈丘县、光山县、罗山县

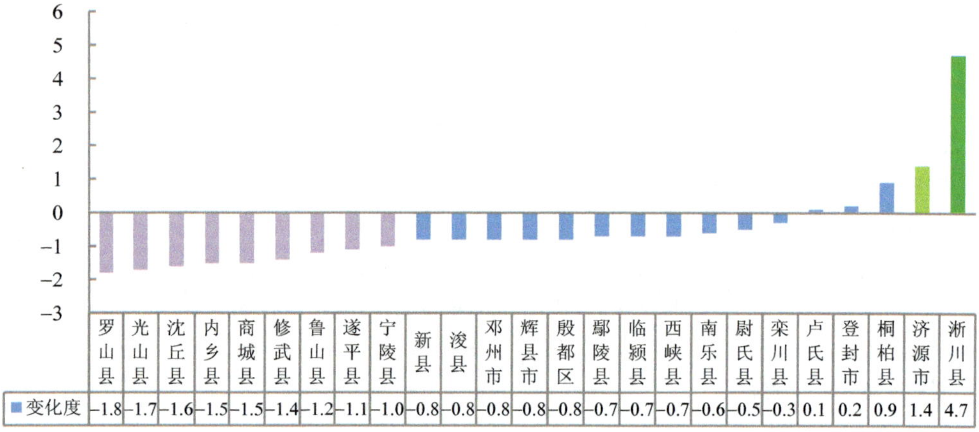

图 2.7-2 各县域农村生态状况变化度

2019 年与 2018 年相比，18 个省辖市 25 个县（2019 年的新增县除外）农村生态环境质量综合指数变化值（ΔRQI）为−8.8～3.8，农村生态环境质量综合状况无明显变化的县域所占的比例为 72%，略微变化所占的比例为 20%，明显变化所占的比例为 8%（表 2.7-3 和图 2.7-3）。

表 2.7-3 各县域农村生态环境质量综合状况变化度分级统计

变化度	县域
略微变好	辉县市
无明显变化	登封市、邓州市、光山县、浚县、临颍县、卢氏县、鲁山县、栾川县、南乐县、内乡县、商城县、沈丘县、桐柏县、尉氏县、西峡县、淅川县、新县、鄢陵县
略微变差	济源市、罗山县、宁陵县、遂平县
明显变差	修武县、殷都区

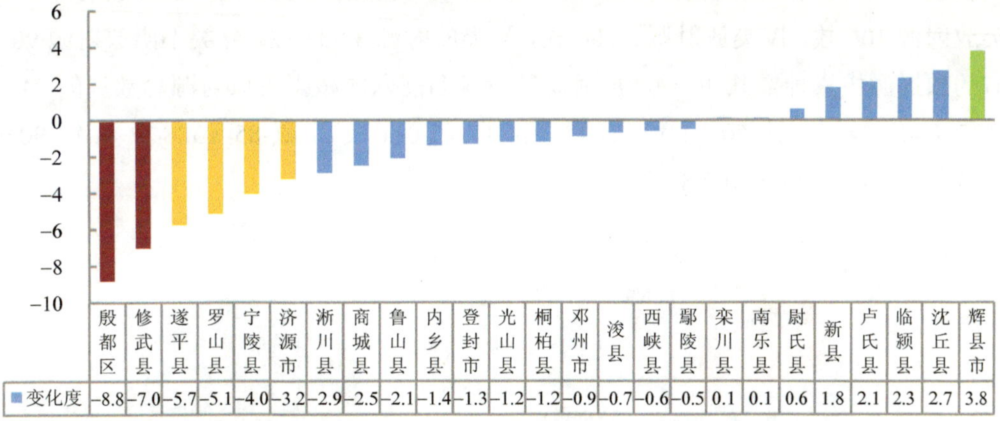

图 2.7-3 各县域农村生态环境质量综合状况变化度

2.8 辐射环境质量

2.8.1 电离辐射环境

2.8.1.1 概况

（1）放射源使用情况

截至 2019 年年底，全省辐射工作单位 4 494 家，其中涉及密封放射源的单位 448 家，涉及开放性放射性同位素单位 122 家。使用射线装置的单位 4 117 家，其中Ⅱ类射线装置 627 家，Ⅲ类射线装置 3 490 家（图 2.8-1）。

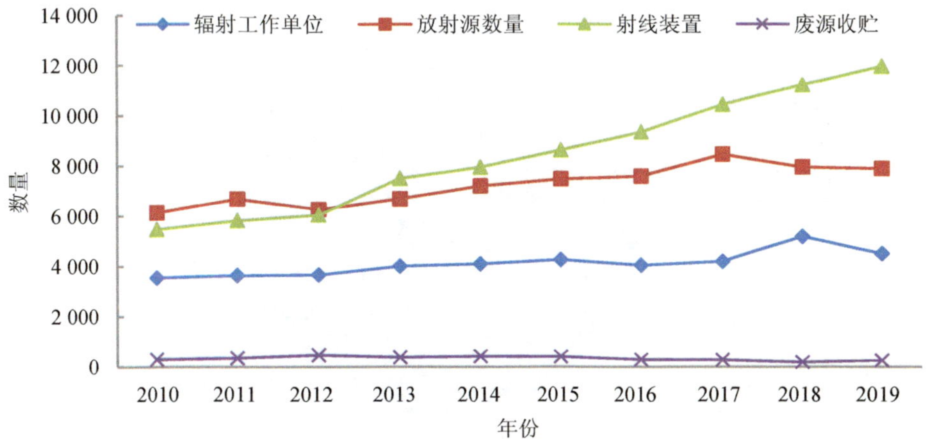

图 2.8-1 河南省辐射行业情况统计

目前，全省共存有放射源 7 892 枚，其中：Ⅰ类放射源 537 枚，Ⅱ类放射源 520 枚，Ⅲ类放射源 106 枚，Ⅳ类放射源 2 706 枚，Ⅴ类放射源 3 933 枚，分类不明放射源 90 枚。全省的放射源核素种类共 40 种，放射源数量排名前六的核素占放射源总数量的 94.7%，铯-137（4 239 枚），钴-60（1 495 枚），镅-241（1 011 枚），氪-85（388 枚），锶-90（173 枚），镅-铍（143 枚）（图 2.8-2）。

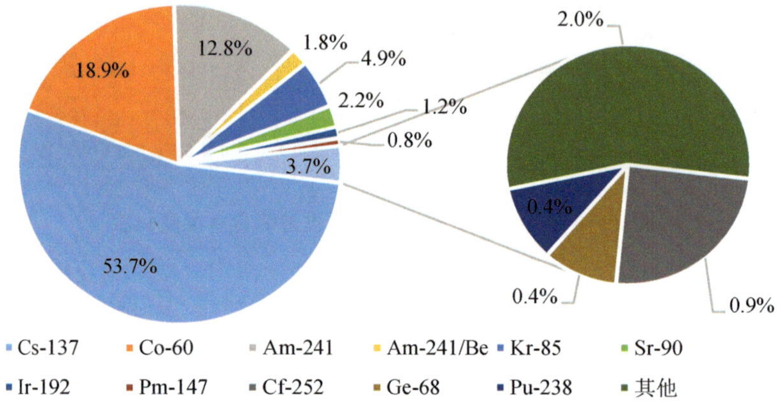

图 2.8-2　河南省放射源核素分布

（2）射线装置使用情况

2019 年，河南省射线装置共计 11 959 台（图 2.8-3）。

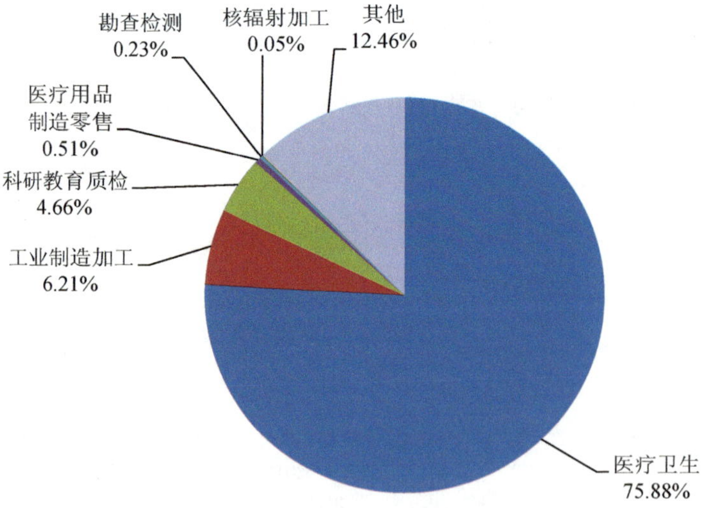

图 2.8-3　河南省射线装置行业分布

（3）电磁环境情况

目前，河南省 110 kV 及以上变电站 1 572 座，变电容量 28 453 万 kV·A，线路长度 54 857 km；全省移动通信基站现有 344 527 个，广电发射塔、气象雷达等大型电磁设备设施约 300 台（套）。

（4）辐射应急

2019 年，通过采取有效措施，加强辐射安全监管，改善了辐射安全形势，全省未发生辐射安全事故。

2.8.1.2 电离辐射环境质量状况

通过对全省 γ 辐射空气吸收剂量率、沉降物、水体中放射性核素浓度、土壤中天然放射性核素浓度进行的监测，结果显示，2019 年河南省的电离辐射环境质量仍然保持在天然本底水平（表 2.8-1 和图 2.8-4）。

表 2.8-1 2019 年河南省辐射环境质量测量信息统计

序号	城市	测量项目
1	郑州	γ 辐射剂量率、累积剂量、电磁辐射（自动站）、水体（总α、总β、U、Th、^{226}Ra、^{90}Sr、^{137}Cs）、土壤 γ 核素、气溶胶、室外氡、城市饮用水
2	开封	γ 辐射剂量率、γ 辐射剂量率（自动站）、电磁辐射（自动站）、城市饮用水、土壤 γ 核素
3	洛阳	γ 辐射剂量率、γ 辐射剂量率（自动站）、电磁辐射（自动站）、气溶胶、城市饮用水、土壤 γ 核素
4	平顶山	γ 辐射剂量率（自动站）、电磁辐射（自动站）、城市饮用水、土壤 γ 核素
5	安阳	γ 辐射剂量率、γ 辐射剂量率（自动站）、电磁辐射（自动站）、城市饮用水、土壤 γ 核素
6	鹤壁	γ 辐射剂量率、γ 辐射剂量率（自动站）、电磁辐射（自动站）、城市饮用水、土壤 γ 核素
7	新乡	γ 辐射剂量率（自动站）、电磁辐射（自动站）、水体（总α、总β、U、Th、^{226}Ra、^{90}Sr、^{137}Cs）、城市饮用水、土壤 γ 核素
8	焦作	γ 辐射剂量率、γ 辐射剂量率（自动站）、电磁辐射（自动站）、城市饮用水、土壤 γ 核素
9	济源	γ 辐射剂量率、γ 辐射剂量率（自动站）、电磁辐射（自动站）、城市饮用水、土壤 γ 核素
10	濮阳	γ 辐射剂量率（自动站）、电磁辐射（自动站）、城市饮用水、土壤 γ 核素
11	许昌	γ 辐射剂量率（自动站）、电磁辐射（自动站）、城市饮用水、土壤 γ 核素
12	漯河	γ 辐射剂量率（自动站）、电磁辐射（自动站）、气溶胶、城市饮用水、土壤 γ 核素
13	三门峡	γ 辐射剂量率（自动站）、电磁辐射（自动站）、城市饮用水、土壤 γ 核素
14	商丘	γ 辐射剂量率（自动站）、电磁辐射（自动站）、城市饮用水、土壤 γ 核素
15	周口	γ 辐射剂量率（自动站）、电磁辐射（自动站）、水体（总α、总β、U、Th、^{226}Ra、^{90}Sr、^{137}Cs）、城市饮用水、土壤 γ 核素
16	驻马店	γ 辐射剂量率（自动站）、电磁辐射（自动站）、城市饮用水、土壤 γ 核素
17	南阳	辐射剂量率、γ 辐射剂量率（自动站）、电磁辐射（自动站）、城市饮用水、土壤 γ 核素
18	信阳	γ 辐射剂量率（自动站）、电磁辐射（自动站）、城市饮用水、土壤 γ 核素

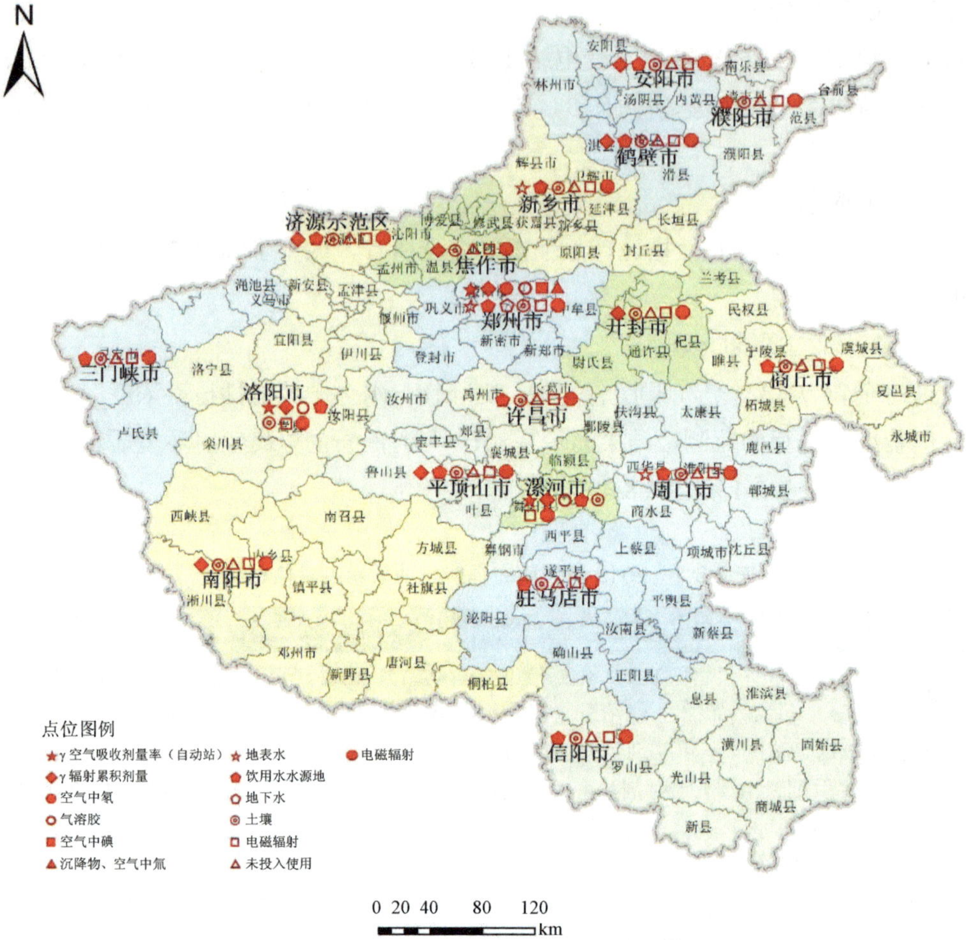

图 2.8-4　河南省电离辐射环境质量监测点位

（1）γ 辐射

2019 年，全省国控网监测点位环境瞬时 γ 辐射空气吸收剂量率（63.7～105.9 nGy/h，平均为 87.0±10.8 nGy/h）、累积剂量率（86.8～104.0 nGy/h，平均为 92.3±1.6 nGy/h）和全省自动站 γ 辐射剂量率（78.3～192.8 nGy/h，平均为 102.8±10.3 nGy/h）与其天然放射性本底调查结果（1985—1987 年河南省天然贯穿辐射水平调查为 47.6～174.9 nGy/h，平均为 91.6 nGy/h）相比没有明显提高，均在天然辐射本底范围内正常波动（图 2.8-5～图 2.8-7）。

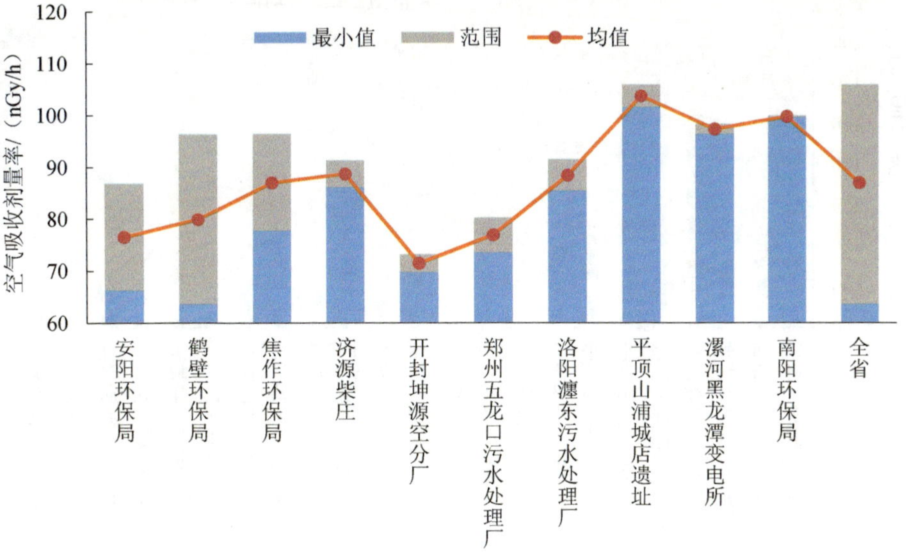

图 2.8-5　2019 年全省国控网点瞬时 γ 辐射空气吸收剂量率变化趋势

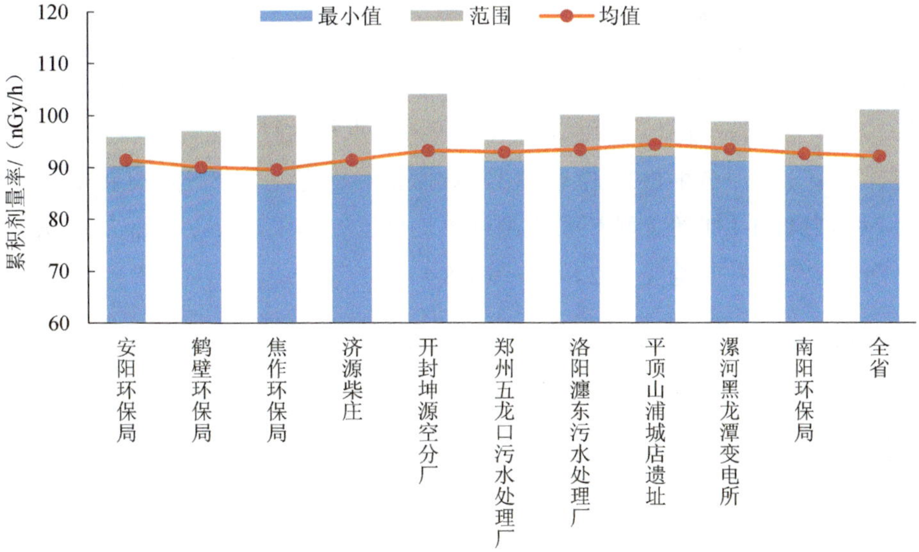

图 2.8-6　2019 年全省国控网点累积剂量率变化趋势

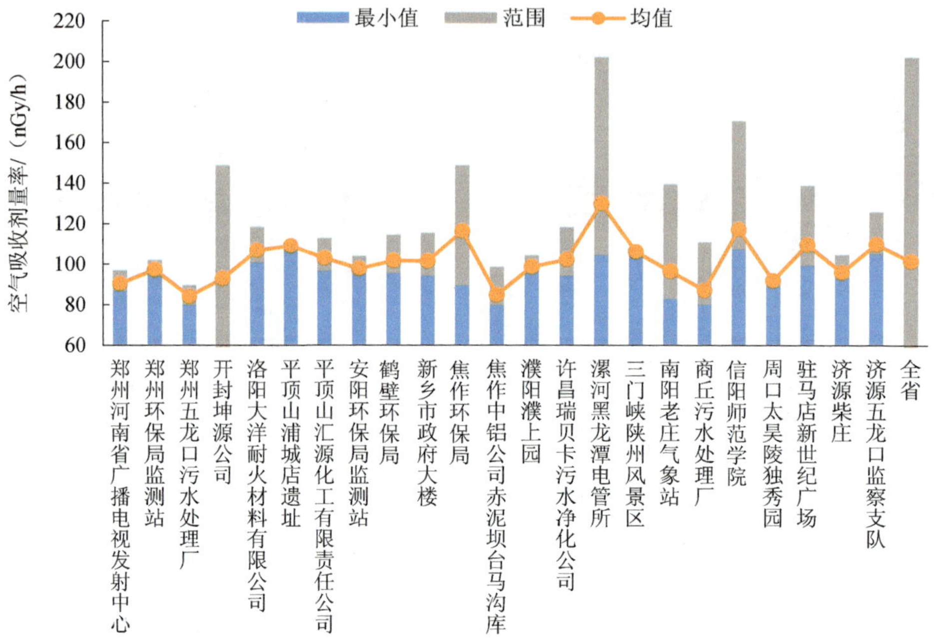

图 2.8-7　2019 年全省自动站 γ 辐射空气吸收剂量率变化趋势

（2）气体

① 气溶胶

2019 年，郑州、洛阳、漯河 3 个气溶胶采样点位运行正常，实验室分析检测数据均未出现异常值，人工放射性核素无检出，数值相对稳定。3 个气溶胶采样点的 Th-234、Cs-137、Cs-134、I-131 等 4 种核素检测结果均低于检出限，Be-7、Ra-228、Bi-214、K-40 等核素活度浓度变化趋势见图 2.8-8～图 2.8-11。

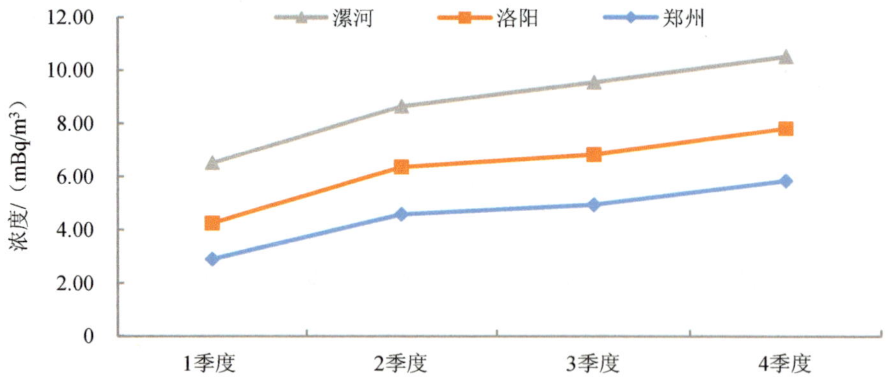

图 2.8-8　2019 年郑州、洛阳、漯河 3 个气溶胶采样点的 Be-7 核素活度浓度变化趋势

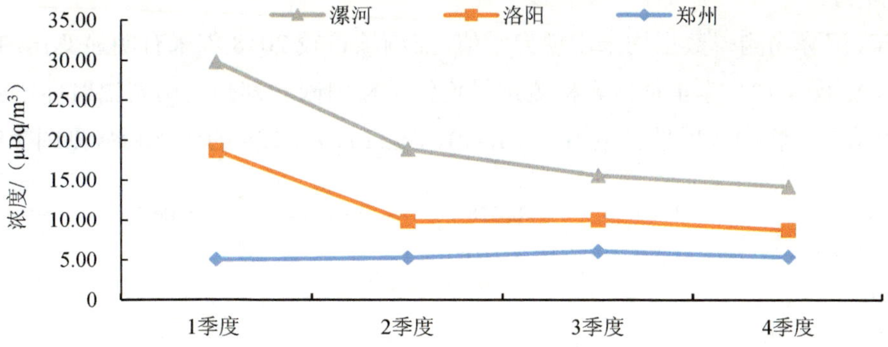

图 2.8-9　2019 年郑州、洛阳、漯河 3 个气溶胶采样点的 Ra-228 核素活度浓度变化趋势

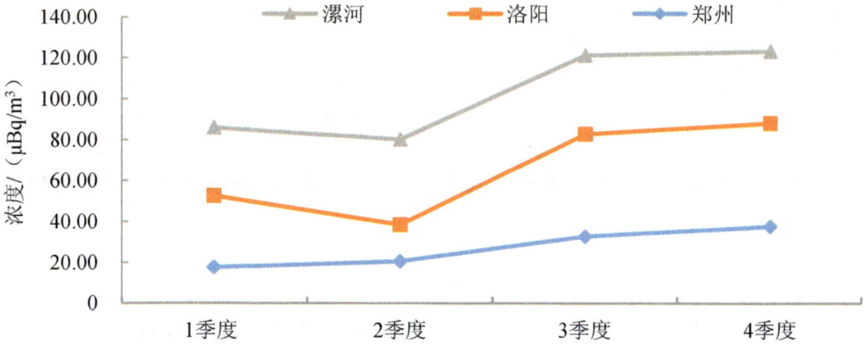

图 2.8-10　2019 年郑州、洛阳、漯河 3 个气溶胶采样点的 Bi-214 核素活度浓度变化趋势

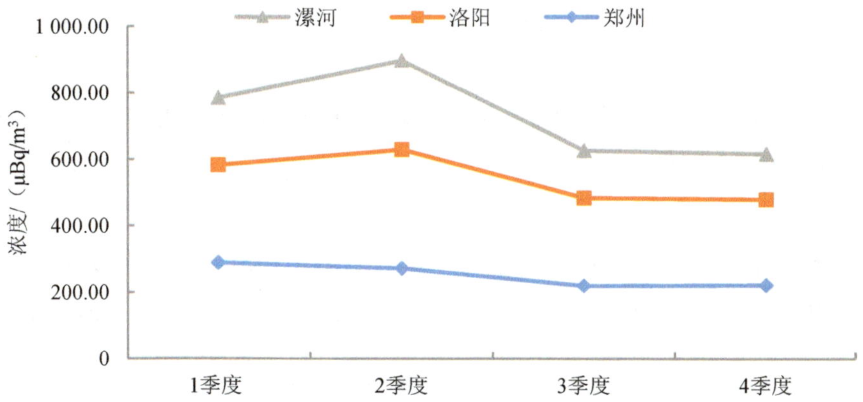

图 2.8-11　2019 年郑州、洛阳、漯河 3 个气溶胶采样点的 K-40 核素活度浓度变化趋势

② 沉降物

2019 年，沉降物测得数据均未出现异常值，监测项目较 2018 年未有明显变化。Th-234、Cs-137、Cs-134、I-131 等 4 种核素检测结果均低于检出限。郑州河南省辐射环境安全技术中心楼顶总沉降物中放射性核素 Be-7、K-40、Bi-214、Ra-228 的变化趋势见图 2.8-12。

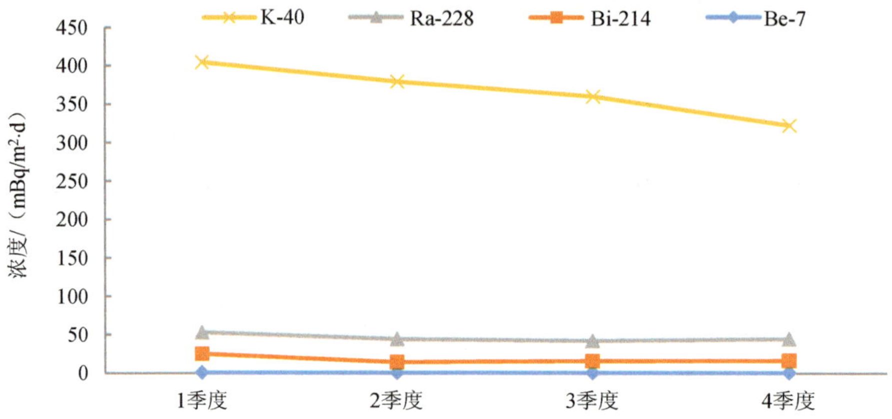

图 2.8-12　2019 年河南省辐射环境安全技术中心楼顶总沉降物的核素活度浓度变化趋势

③ 碘

2019 年，郑州市大王庄站 12 个月的气碘测量数据均未出现异常值，没有检出人工放射性核素（低于检出限），数据相对稳定。

④ 氡

2019 年，郑州市 4 个季度的室外氡测得数据均未出现异常值，测量范围为 12.00～19.00 mBq/m^3，均值为 14.38 mBq/m^3，数据相对稳定。

⑤ 氚

2019 年，郑州河南省辐射环境安全技术中心楼顶 4 个季度的降水氚及水汽氚测得数据均低于探测限，未出现异常。

（3）水体

2019 年，水体中天然放射性核素浓度与历年监测结果相比，未发生变化，与 1985 年河南省天然放射性水平调查时的监测结果处于同一水平（表 2.8-2～表 2.8-5、图 2.8-13 和图 2.8-14）。

表 2.8-2 2019 年河南省主要江河水系国控断面放射性核素活度浓度

断面名称	采样时间	放射性核素活度浓度						
		U/（μg/L）	Th/（μg/L）	Ra-226/（mBq/L）	总α/（Bq/L）	总β/（Bq/L）	Sr-90/（mBq/L）	Cs-137/（mBq/L）
黄河流域（黄河）郑州花园口	2019-04-10	3.83	0.048	5.90	0.05	0.19	3.12	0.64
	2019-08-14	3.40	0.042	5.20	0.08	0.18	2.60	0.91
淮河流域（颍河）周口沈丘槐店镇	2019-04-24	1.25	0.032	3.70	0.06	0.26	2.14	0.93
	2019-08-13	0.63	0.028	4.40	0.03	0.22	2.20	1.00
海河流域（卫河）新乡卫辉上乐村	2019-03-22	1.64	0.029	12.00	0.21	0.33	1.86	1.46
	2019-08-28	1.80	0.030	5.40	0.10	0.42	2.00	1.30

表 2.8-3 河南省各流域水中天然放射性核素的浓度本底值

项目		黄河流域	淮河流域	海河流域
U	范围/（μg/L）	0.05～9.0	0.05～16	0.04～10
	均值/（μg/L）	3.34	2.45	2.67
Th	范围/（μg/L）	0.04～4.34	0.02～11.4	0.15～2.96
	均值/（μg/L）	1.25	1.44	1.57
Ra-226	范围/（mBq/L）	1.16～2.62	1.16～9.77	1.16～1.38
	均值/（mBq/L）	1.35	1.44	0.85
K-40	范围/（mBq/L）	33.6～173	20.9～299	32.0～336
	均值/（mBq/L）	84.3	108	149

注：本数据为 1984—1985 年河南省水体中天然放射性核素浓度调查研究项目成果。

表 2.8-4 2019 年郑州市柿园水厂水样核素浓度测量结果

测量时间	测量项目						
	U/（μg/L）	Th/（μg/L）	Ra-226/（mBq/L）	总α/（Bq/L）	总β/（Bq/L）	Sr-90/（mBq/L）	Cs-137/（mBq/L）
2019-03-21	0.42	0.016	4.70	＜0.01	0.084	3.00	0.83
2019-08-07	0.53	0.019	5.70	＜0.01	0.074	2.40	1.00

表 2.8-5　2019 年郑州莆田地下水核素浓度测量结果

测量时间	测量项目				
	U/（μg/L）	Th/（μg/L）	Ra-226/（mBq/L）	总α/（Bq/L）	总β/（Bq/L）
2019.11.12	0.53	0.02	4.5	0.02	0.14
2018 年均值	0.58	0.01	2.3	<0.01	0.04

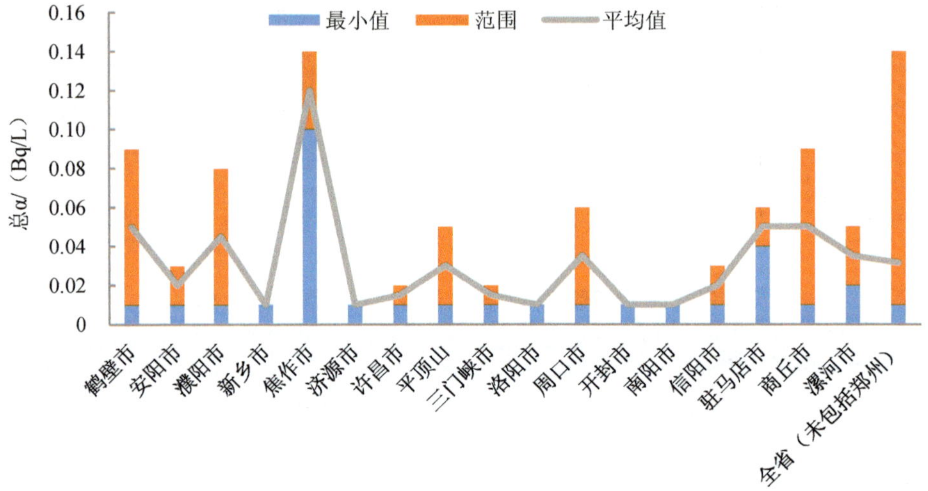

图 2.8-13　2019 年省辖市饮用水水源地水总α测量结果

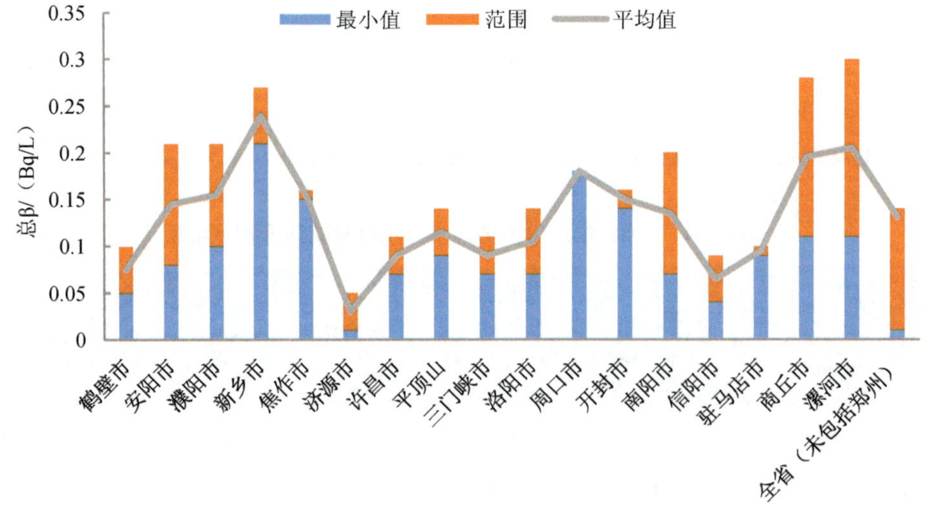

图 2.8-14　2019 年省辖市饮用水水源地水总β测量结果

（4）土壤

2019 年，土壤中天然放射性核素浓度与历年监测结果相比，未发生显著变化，与 1989 年河南省天然放射性水平调查时的监测结果处于同一水平，人工核素 Cs-137 和 Co-60 均低于检出限，U-238、Th-232、Ra-226、K-40 等核素监测结果见图 2.8-15～图 2.8-18。

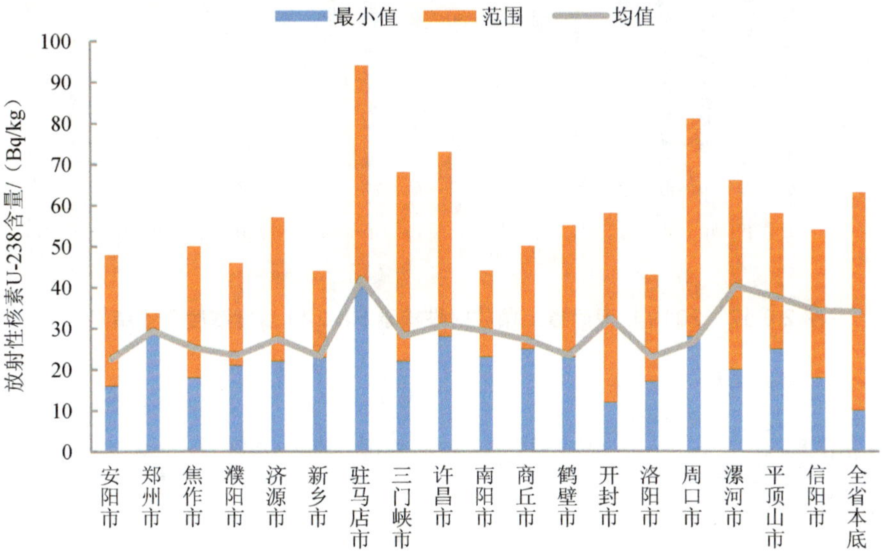

图 2.8-15　2019 年河南省土壤放射性核素 U-238 活度浓度测量结果

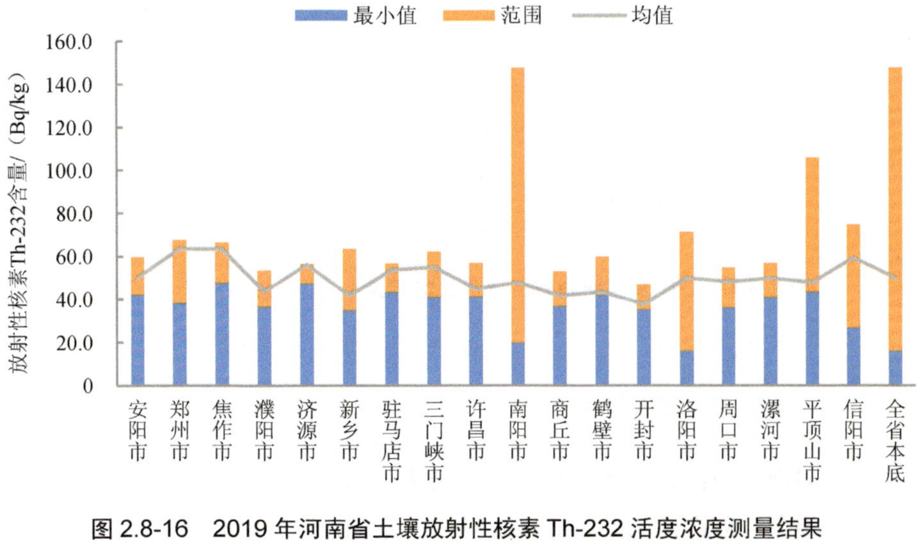

图 2.8-16　2019 年河南省土壤放射性核素 Th-232 活度浓度测量结果

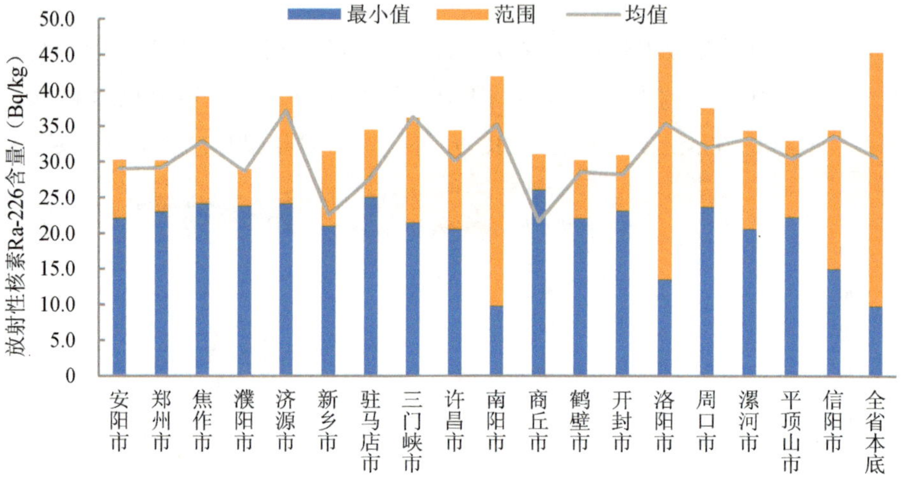

图 2.8-17　2019 年河南省土壤放射性核素 Ra-226 活度浓度测量结果

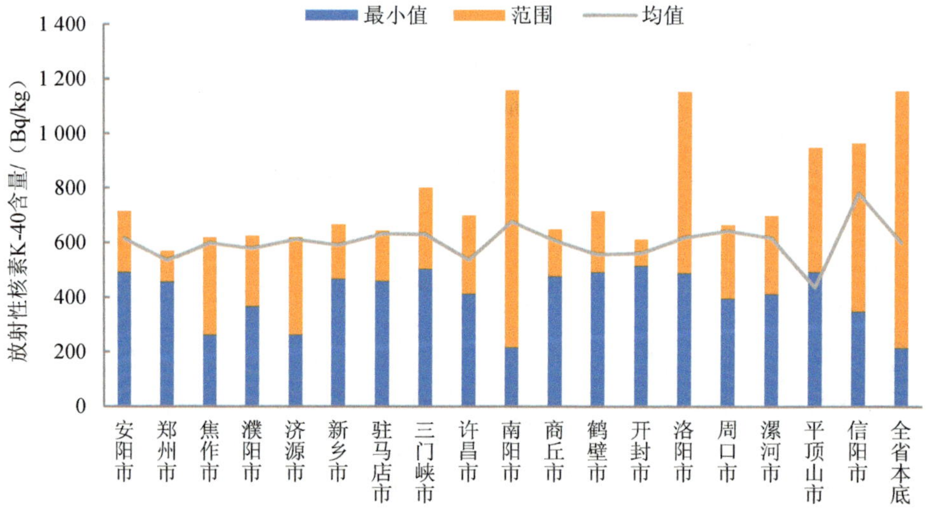

图 2.8-18　2019 年河南省土壤放射性核素 K-40 活度浓度测量结果

2.8.2　放射性废物库辐射环境状况

2019 年，河南省境内核技术应用项目未对大环境产生影响；河南省放射性废物库安全运行，周围放射性水平未发现明显变化。

2.8.2.1 γ辐射空气吸收剂量率

2019年，河南省放射性废物库周围的γ辐射剂量率监测值为74.2～75.9 nGy/h，均值为74.9 nGy/h（已扣除宇宙射线的响应值）。与废物库运行前的本底测量数据相比较（55～114 nGy/h，均值为67.1 nGy/h），基本处在正常本底波动水平，环境辐射水平没有明显变化。

2.8.2.2 地下水

2019年，河南省放射性废物库地下水总α放射性水平测量值为小于0.01 Bq/L，总β放射性水平测量值为0.04～0.07 Bq/L，河南省放射性废物库池塘水总α放射性水平测量值为0.01～0.04 Bq/L，总β放射性水平测量值为0.05～0.07 Bq/L，与废物库运行前的本底值（总α：0.024～0.25 Bq/L，总β：0.15～0.68 Bq/L）相比，处于同一水平。

2.8.2.3 土壤

2019年，河南省放射性废物库环境土壤放射性水平测量值与运行前本底值（总α：212～940 Bq/kg，总β：478～892 Bq/kg）相比，处于同一水平，与1989年河南省天然放射性水平调查时的监测结果处于同一水平，人工核素Cs-137低于检出限（表2.8-6）。

表2.8-6 河南省放射性废物库环境土壤放射性水平

序号	采样点位	采样时间	测量样品量/kg	测量时间	放射性核素含量/（Bq/kg）				
					K-40	Cs-137	Ra-226	Th-232	U-238
1	库区外	2019-04-25	0.31	2019-07-20	621.21	<0.77	29.35	42.95	30.07
		2019-07-10	0.29	2019-11-10	582.68	<0.69	28.32	46.55	35.51
2	库区中间	2019-04-25	0.30	2019-07-21	812.56	<0.72	27.39	49.84	32.39
		2019-07-10	0.31	2019-11-09	595.89	<0.59	24.29	40.62	30.28

2.8.3 电磁辐射环境状况

通过电磁辐射环境监测表明：随着空间各种电磁信号的增加，使得城市环境的电磁辐射水平整体有所增加，尤其是对电磁波辐射体近距离的建筑有一定的影响，但这种影响并未超过国家规定的标准限值。

2019年，河南省环境电磁辐射综合场强均值远低于国家标准规定的公众环境限值（40 μW/cm^2）（表2.8-7和图2.8-19）。

表 2.8-7 2019 年度全省电磁辐射环境质量监测数据统计 单位：μW/cm²

序号	点位	月均值范围	年均值
1	郑州五龙口污水处理厂	0.07～0.13	0.09
2	河南省广播电视发射中心	0.88～2.18	1.54
3	河南省辐射环境安全技术中心	0.24～1.14	0.71
4	开封市环保局	0.20～0.56	0.45
5	洛阳市环保局	0.57～1.77	1.30
6	鹤壁市环保局	0.02～0.21	0.08
7	新乡市环保局	0.58～1.48	1.05
8	濮阳市环保局	0.39～1.95	0.80
9	漯河市环保局	0.96～1.59	1.14
10	三门峡市环保局	0.02～2.06	0.58
11	南阳市环保局	0.02～0.55	0.16
12	信阳师范学院电磁子站	0.20～0.43	0.27
13	周口市环保局	0.02～0.6	0.22
14	驻马店市环保局	0.02～1.67	1.47
15	济源市科研苑楼顶	0.07～0.50	0.19
16	全省	0.02～2.18	0.67

注：综合场强频率范围：0.1～3 000 MHz。另外，商丘环境监察支队、许昌市环保局、平顶山市环保局设备故障，安阳市环保局、焦作市环保局等自动站数据异常，不参与统计。

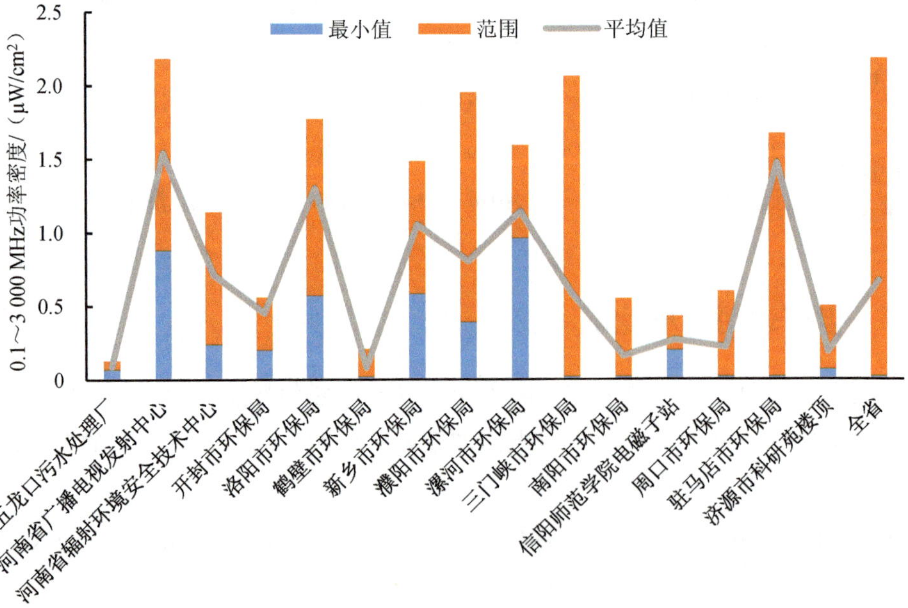

图 2.8-19 2019 年河南省自动站电磁辐射环境质量变化趋势

第三篇

总　结

3.1 结论

3.1.1 环境空气质量

与 2018 年相比，2019 年省辖市环境空气质量级别仍为轻污染。2019 年省辖市环境空气首要污染物是 $PM_{2.5}$，其次为 PM_{10}。（按综合质量指数由小到大排序）信阳市环境空气质量级别为良，驻马店、周口、商丘、三门峡、漯河、南阳、许昌、平顶山、开封、濮阳、郑州、鹤壁、洛阳、新乡、济源、焦作、安阳 17 市环境空气质量级别为轻污染。

与 2018 年相比，2019 年 PM_{10} 浓度年均值由 114 μg/m^3 下降到 100 μg/m^3，下降了 12.3%（未扣除沙尘影响）；$PM_{2.5}$ 浓度年均值由 64 μg/m^3 下降到 59 μg/m^3，下降了 7.8%（未扣除沙尘影响）；SO_2 浓度年均值由 16 μg/m^3 下降到 11 μg/m^3，下降了 31.3%；NO_2 浓度年均值由 39 μg/m^3 下降到 34 μg/m^3，下降了 12.8%。

3.1.2 地表水环境质量

河流：2019 年，河南省河流水质级别为轻度污染。淮河流域、海河流域、黄河流域为轻度污染，长江流域为优。主要污染因子为化学需氧量、五日生化需氧量和氨氮。

在 141 个省控河流监测断面中，Ⅰ～Ⅲ类水质断面 89 个，占 63.1%；Ⅳ类 42 个，占 29.8%；Ⅴ类 5 个，占 3.6%；劣Ⅴ类 4 个，占 2.8%；断流 1 个，占 0.7%。

与 2018 年相比，2019 年Ⅰ～Ⅲ类水质断面增加 4 个，增加 2.8 个百分点；Ⅳ类水质断面增加 5 个，增加 3.6 个百分点；Ⅴ类水质断面减少 9 个，减少 6.4 个百分点；劣Ⅴ类水质断面减少 1 个，减少 0.7 个百分点；断流断面增加 1 个，增加 0.7 个百分点。

水库：2019 年，河南省水库水质级别为优，营养状态为中营养。与 2018 年相比水库水质级别仍为优，营养状态无变化。

24 个省控水库中，Ⅰ～Ⅲ类水质水库 22 个，占 91.7%；Ⅳ类水质湖库有 1 个，占 4.2%；无Ⅴ类水质湖库；劣Ⅴ类水质湖库有 1 个，占 4.2%。

与 2018 年相比，2019 年Ⅰ～Ⅲ类、Ⅳ类、Ⅴ类、劣Ⅴ类水质湖库无变化。

全省水库营养化水平为中营养。白沙水库属轻度富营养，宿鸭湖水库属中度富营养，其他 22 个水库属中营养。

与 2018 年相比，2019 年全省水库营养化水平基本稳定。三门峡水库由轻度富营养变为中营养，白沙水库由中营养变为轻度富营养，其他湖库营养化状态保持不变。

3.1.3 城市地下水质量

2019年，河南省城市地下水质量为较好。漯河、南阳、鹤壁、许昌、周口、三门峡、郑州、平顶山、济源、洛阳、焦作、新乡、驻马店13个城市地下水水质级别为良好，安阳、信阳、开封、商丘、濮阳5个城市地下水水质级别为较差，其中，开封除氟化物为Ⅳ类外，其他因子都符合Ⅲ类标准；安阳除总硬度为Ⅳ类、总大肠菌群为Ⅳ类外，其他因子都符合Ⅲ类标准；濮阳除总硬度为Ⅳ类、锰为Ⅳ类外，其他因子都符合Ⅲ类标准；商丘除氟化物为Ⅳ类外，其他因子都符合Ⅲ类标准；信阳除总大肠菌群为Ⅳ类、锰为Ⅳ类外，其他因子都符合Ⅲ类标准。

与2018年相比，2019年全省城市地下水水质由良好变为较好。鹤壁、许昌、南阳、周口由优变良好，安阳由良好变较差，其他13个省辖市地下水水质均无变化。

3.1.4 集中式饮用水水源地水质

2019年，河南省城市饮用水水源地浓度年均值评价水质级别为优。其中，南阳、濮阳、许昌、平顶山、信阳、三门峡、鹤壁、漯河、周口、驻马店、新乡11个城市集中式饮用水水源地水质级别为优，开封、安阳、洛阳、郑州、济源、焦作、商丘7个城市集中式饮用水水源地水质级别为良好。

与2018年相比，2019年全省城市集中式饮用水水源地水质基本稳定。其中，漯河、新乡由良好变为优，其他16个城市的水源地水质级别保持不变。

3.1.5 声环境质量

2019年，河南省城市区域昼声环境质量级别为较好。其中，商丘市级别仍为好；濮阳、济源、周口、开封、漯河、三门峡、信阳、洛阳、焦作、新乡、安阳、南阳12个城市级别为较好，许昌、鹤壁、郑州、驻马店4个城市级别为一般，平顶山级别为较差。

2019年，全省城市功能区噪声达标率为65.1%，其中，昼间73.6%、夜间56.6%。昼间达标率从高到低依次为：交通干线两侧、工业区、混合区、居民文教区、特殊住宅区；夜间达标率从高到低依次为：工业区、混合区、居民文教区、交通干线两侧和特殊住宅区。

2019年，全省城市道路交通噪声昼间平均等效声级级别为好。其中，商丘、漯河、周口、济源、安阳、焦作、濮阳、洛阳、鹤壁、平顶山、郑州、许昌、三门峡、南阳、开封15个城市级别为好；信阳、新乡2个城市级别为较好；驻马店市级别为一般。

与2018年相比，2019年全省城市区域昼声环境质量等级仍为较好。其中，南阳、漯河、焦作 3 个城市级别为较好；洛阳、安阳、新乡、周口、开封、三门峡、信阳、濮阳、济源 9 个城市由好变为较好；鹤壁由好变为一般；驻马店、许昌、郑州 3 个城市由较好变为一般；平顶山由较好变为较差；商丘有所改善，由较好变为好。

全省城市功能区噪声测点达标率下降 3.4 个百分点，其中，昼间达标率降低 6.3 个百分点，夜间达标率降低 0.4 个百分点。特殊住宅区域达标率降低 12.5 个百分点，其他功能区变化不大。

全省道路交通干线两侧昼间声环境质量仍保持为好。其中，其中周口、洛阳、焦作、济源、三门峡、平顶山、濮阳、许昌、鹤壁、漯河、郑州、商丘、安阳 13 个城市未发生级别变化，质量等级均为好；开封、南阳 2 个城市由较好变为好；新乡、信阳 2 个城市由好变为较好；驻马店由较好变为一般。

3.1.6 辐射环境质量

2019 年，河南省的电离辐射环境质量仍然保持在天然本底水平。全省环境 γ 辐射空气吸收剂量率与其天然放射性本底调查结果相比没有明显提高，均在天然辐射本底范围内正常波动。水体中天然放射性核素浓度与历年监测结果相比，未发生变化，与 1985 年河南省天然放射性水平调查时的监测结果处于同一水平。土壤中天然放射性核素浓度与历年监测结果相比，未发生显著变化，与 1989 年河南省天然放射性水平调查时的监测结果处于同一水平。

2019 年，河南省境内核技术应用项目未对大环境产生影响；河南省放射性废物库安全运行，周围放射性水平未发现明显变化。

2019 年，全省电磁环境等效功率密度值远低于国家标准规定的公众曝露控制限值（40 $\mu W/cm^2$）。

3.1.7 生态环境质量

2018 年，河南省生态环境状况指数（EI）值为 53，生态环境质量等级评价为“一般”。以省辖市为评价单元，鹤壁、济源、三门峡、平顶山、洛阳、南阳、信阳 7 个省辖生态环境质量等级为“良”，郑州、开封、安阳、濮阳、新乡、焦作、许昌、漯河、周口、商丘、驻马店 11 个省辖生态环境质量等级为“一般”。未出现优、较差类和差等级。

2018 年，河南省生态环境质量等级为“良”的省辖市主要分布在豫西、豫南的山地丘陵区，约占全省总面积的 50.3%；等级为“一般”的省辖市主要分布在黄淮海平原地区，约占全省总面积的 49.7%。

3.1.8 农村环境质量

2019 年，河南省农村环境空气质量总体良好，达标率 89.2%，主要污染物为 $PM_{2.5}$、PM_{10}；饮用水水源地水质较 2018 年有所下降，达标率 70.8%；县域地表水水质较差，达标率为 59.9%，超标因子主要为化学需氧量、五日生化需氧量、高锰酸盐指数、总磷、氨氮等；土壤环境质量状况总体良好，小于风险筛选值的点位 93.9%，仅 15 个点位镉、镍大于风险筛选值，但均小于风险管制值。

3.2 环境管理措施对环境质量的影响分析

3.2.1 科学管控，严格执法，污染天气得到有效遏制

一是实施工业企业深度治理。推行企业无组织排放控制的“一密闭、六到位”措施，完成 6 大类型 3.1 万个治理项目。全省在线监控工业企业大气污染物日均排放量为 322 t，同比下降 33.3%。二是铁心铁面铁腕治“三散”。全省新增“双替代”供暖 209 万户，整治取缔“散乱污”企业 1 万多家，查处黑加油站点 1 562 家，整治各类散尘点 1.5 万个。三是实施精细化污染管控。对 15 个重点行业实施绩效分级管控，对全省 1 325 家民生保障类企业实施自主管控，对 1 516 家环境信誉好的企业实施在线监控，形成正向激励机制。2019 年秋冬季重污染天气管控期间，污染浓度大幅降低，污染时长有效缩短，污染等级普遍降低了 1～2 个等级。四是严格执法监督。开展多个专项执法检查，发现并查处各类环境问题 3.04 万个，下达行政处罚决定 15 363 起，罚款金额 6.86 亿元，形成打击环境违法的高压态势。五是不断提高监管能力。在全省建成环境空气质量国控站点 75 个、省控站点 262 个、乡镇站点 1 804 个，废气监控企业达到 3 488 家，实现空气质量监测站点和重点涉气企业在线监控全覆盖。在全省 1.4 万家不具备安装自动监控设施的废气排放企业中，安装了 6.4 万个用电量智能监管设备。不断提高空气质量预报预警技术能力，实现了 5 天精细预报和 15～30 天的中长期形势滚动数值预测。

3.2.2 持续实施责任目标管理，加强重点项目建设，有效改善水环境质量

2019 年，河南省持续实施水环境质量责任目标管理政策，并根据河南省环境质量的实际情况对环境质量考核内容不断完善。政府环境质量目标管理政策操作性强、严抓落实以及更加科学的政府环境质量责任目标管理评价体系，对改善河南省水环境质量起到了很大的作用，河南省在经济快速增长的同时，水环境质量得到了有效改善。

2019 年，河南省消除省辖市建成区黑臭水体 133 处、县城建成区黑臭水体 131 处，331 个列入整治任务的入河排污口全部完成整治。饮用水水源地保护实现“3 个 100%”，即南水北调中线工程总干渠两侧饮用水水源保护区内排查出的风险源整治率 100%，总干渠保护区标识标志设置率 100%；县级以上地表水型饮用水水源保护区环境问题整治任务完成率 100%。扎实开展饮用水水源保护区违建别墅排查整治，对排查认定的 516 栋违建别墅，拆除 240 栋，关闭 274 栋，没收 2 栋，已按要求基本处置到位，得到省专项办的充分肯定。

3.2.3 完善机制，探索新方法，扎实推进净土保卫战

2019 年，河南省扎实推进净土保卫战。在全国率先完成农用地详查，被国家详查办列入成果集成 4 个试点省之一，为全国探索了详查经验方法，受到生态环境部表扬。精准实施农用地污染防治，承担国家农用地土壤环境质量类别划分试点，提前一年完成目标任务。启动实施农用地分类管理，严格管控类耕地全部实施种植结构调整或退耕还林还草措施，提前实现管控目标。建立生态环境、自然资源、农业农村、住房与城乡建设等部门间信息共享机制，部门协作紧密，机制完善有效。实施城市发展规划与建设用地疑似污染地块、污染地块信息比对管理，规划源头防控人居工程环境风险，得到生态环境部表扬。河南省在全国土壤污染防治经验交流及现场推进会上作典型发言。洛阳、新乡、驻马店 3 市土壤污染综合防治先行区建设迈出新步伐、取得阶段性成果。完成 2 088 个行政村环境综合整治，对全省 1 204 个乡镇 1 209 个集中式饮用水水源地划分了保护区，80%以上县实现了农村饮用水水源水质按月监测。依法严密组织畜禽养殖禁养区划定排查与规范管理，调整禁养区 1 608 个。河南省土壤污染防治工作走在全国第一方阵，为全省经济社会高质量发展提供了坚实的土壤生态环境保障。

3.2.4 全线实地调研，加强黄河流域生态保护

组织开展黄河流域生态保护和污染治理等重大课题研讨，全线实地调研省辖黄河流域生态环境状况，初步形成河南省促进黄河流域河流生态系统健康思路举措和河南省黄

河流域生态环境保护思路等研究成果。研究制定黄河生态治理方案，积极与国家相关规划衔接，认真谋划推动黄河流域生态保护和高质量发展思路举措。开展入河排污口排查整治，组织沿黄各市统筹，按照“查、测、溯、治”四项要求，实行“一口一策”，制定实施方案，建立台账，明确任务，细化“时间表、路线图、施工图”，推进黄河流域入河排污口排查整治。开展“携手清四乱、保护母亲河”行动，督促乱占、乱采、乱堆、乱建“四乱”问题整改。郑州、开封、三门峡、濮阳等市引黄水源地水质均达到或优于饮用水水质Ⅲ类标准。黄河流域 18 个国考断面中，Ⅰ～Ⅲ类水质断面 17 个，同比增加 3 个，增加 16.7 个百分点，占比 94.4%（达到国家要求的高于 66.7%的目标）；无劣Ⅴ类水质断面（达到国家要求的为 0 的目标）。

3.2.5 加快推进生态环境治理体系和治理能力现代化

一是提升监测监控能力。经过努力，河南省实现了大气监测延伸到乡镇、水质监测覆盖到县、对重点企业用电量指标日监控等新突破。全省累计建成 11 个大气综合观测站、20 个气溶胶激光雷达观测站和 100 个国控、248 个省控、1 804 个市控自动监测站控，覆盖了 17 个省辖市及济源示范区、77 个省辖市所辖区、115 个县（市、区）和 1 804 个乡镇；实现 133 个省控、208 个市控河流断面水质自动监测预警；对 3516 家重点涉气企业污染物排放、19 044 家企业用电量指标实行日监控；在全省 1.5 万家不具备安装自动监控设施的废气排放企业，安装了 7 万个用电量智能监管设备。空气质量预报预警技术能力不断提高，实现了 7 天精细预报和 15～30 天的中长期形势滚动数值预测。漯河城市建成区建设“鹰眼”实现视频监控全覆盖。驻马店实行监控平台在线监测、空气微站实时监测、应急监测车流动监测和驻厂监督联动机制。济源小浪底水库南山监测站、焦作沁河武陟渠首监测站、安阳露水河南谷洞水库监测站、郑州贾鲁河尖岗水库监测站、南阳丹江口陶岔监测站 5 个站点被评为全国首批“最美水站”。

二是完善法规标准体系。全年全省共出台环保专项立法 23 部，《河南省水污染防治条例》颁布实施，鹤壁、安阳、新乡、濮阳、焦作、漯河、三门峡、开封、平顶山、南阳、信阳、驻马店 12 个市制定了 13 部大气污染防治地方性法规（其中漯河制定了《漯河市扬尘污染防治条例》和《漯河市散煤污染防治条例》）。河南省发布了《农村生活污水处理设施水污染物排放标准》（DB 41/1820—2019）及海河等 7 个流域水污染物排放地方标准，出台《燃煤电厂大气污染物排放标准》（DB 41/1424—2017）、《城市房屋建筑和市政基础设施工程及道路扬尘污染防治标准》等 7 项污染防治标准，组织开展 6 项技术规范和 7 项行业标准的制定工作，启动 4 项农业生产污染防治相关标准的制定工作，推进精细化治污、科学化管控。

3.3 主要环境问题

虽然河南省的生态环境保护工作取得了积极成效，环境质量得到一定的改善，呈现出持续向好的态势，但河南省作为人口大省、发展中大省，正处于工业化城镇化加速推进阶段，面临加快发展和环境治理的双重任务，生态环境保护工作压力巨大。

2019 年，全省各级各部门深入学习贯彻习近平生态文明思想，落实全国、全省生态环保大会精神，以全国人大常委会大气污染防治法执法检查和中央环保督察“回头看”为契机，把打赢蓝天保卫战作为污染防治重中之重，紧盯目标不放松，持续发力不懈怠，深入推进污染防治攻坚战，全力改善环境质量。

3.3.1 地表水环境质量依然严峻，部分河流污染依然较重

造成水污染问题的原因如下：

（1）自然禀赋差

河南省水资源总量和人均都低于全国水平。全省水资源总量居全国第 19 位，地表径流量居全国第 21 位，人均占有量（415 m^3/人）不到全国的 1/5，远低于国际公认的水资源紧张警戒线（1 700m^3/人）。由于水资源严重匮乏，使全省 53 条主要河流中，有 35 条无源头水，河流几乎无自净能力。

（2）部分河流不能稳定达标

虽然河南省整体达到年度水质目标要求，但是仍有部分河流水质不能稳定达标。全省仍有 7 个断面不能稳定达标，其中 3 个断面同比恶化，分别为南阳唐河方城夏河、信阳浉河琵琶山桥和潢河潢川水文站。

（3）城镇环境基础设施建设滞后

随着城镇化进程的加快，河南省城市人口不断增加，由于生活污水处理设施还存在处理能力不足、污水管网覆盖不够、雨污管网不分流等问题，导致部分生活污水未经处理直接排入河中。开封、南阳、信阳、周口、鹤壁等部分省辖市，以及不少县城生活污水还没有做到全收集、全处理，使得城区还有不少黑臭水体。

（4）饮用水水源风险仍然存在

河南省集中式饮用水水源保护区和南水北调总干渠保护区内还存在不少环境隐患，保护区的规范化建设还需进一步加快推进。

（5）农业农村污染问题仍较突出

河南省不少农村“脏、乱、差”，污水处理设施建设滞后，生活污水直排，一些已建

成的农村污水处理设施因运营经费不足、管网不配套、管理机制不顺等多种原因，还有“晒太阳”的现象；畜禽养殖污染、种植业面源污染也日益凸显。

（6）水污染防治主体和监管责任落实还没有完全到位

近年来，通过严管重罚环境违法行为，加大督政问责力度，大部分涉水排污单位治污主体意识明显增强，地方各级政府及部门责任意识得到强化。但仍有一些企业，特别是小型企业治污主体责任没有完全落实，水污染治理设施运行不正常，有的甚至弄虚作假、违法排污。一些地方和部门监管执法不到位，失之于软、失之于宽。央视曝光的洛阳嵩县问题，就反映出当地执法不到位、监管不到位。

3.3.2 完成河南省污染防治攻坚战三年行动计划中大气考核目标任务十分艰巨

河南仍为全国大气污染较为严重的省份之一，在全国168个地级城市排名总体靠后。PM_{10}平均浓度在京津冀及周边省（市）中处于较高水平，仅低于山东省；$PM_{2.5}$浓度值在京津冀及周边省（市）中处于最高水平。在2019年全国168个重点城市综合指数排名中，河南省有6个省辖市位于后20名之列，排名靠后的城市为：安阳倒数第1、焦作倒数第9、新乡倒数第14、洛阳倒数第15、鹤壁倒数第17、郑州倒数第20。

完成河南省污染防治攻坚战三年行动计划中大气考核目标任务十分艰巨。大气攻坚战开始以来，通过各项有效的管控措施及政策，全省空气质量改善明显，成效显著，但$PM_{2.5}$浓度仍处于较高水平。2019年，省辖市$PM_{2.5}$平均浓度为59 μg/m^3，18个省辖市中仅有郑州、新乡、焦作3市完成目标，与《河南省污染防治攻坚战三年行动计划》中规定的2020年信阳、南阳、周口、驻马店4市达到国家环境空气质量二级标准（$PM_{2.5}$年均浓度≤35 μg/m^3），许昌、漯河2市到2021年达到国家环境空气质量二级标准，开封、商丘2市与到2023年达到国家环境空气质量二级标准的预期目标相差甚远，完成目标任务十分艰巨。

2019年，由于O_3污染趋势日益加重，超标天数增多，导致河南省优良天数比例仅为52.7%，若要完成《河南省污染防治攻坚战三年行动计划》中规定的2020年优良天数比例力争达到70%的目标任务，尚需付出巨大的努力。（注：以上评价均采用全部国控点位剔除沙尘后的结果）

3.3.3 土壤污染防治工作仍面临着严峻形势

河南省土壤污染防治工作仍面临着严峻形势：一是土壤污染防治任务越来越艰巨；二是农业农村污染治理重要性日益凸显；三是工作标准要求更高更严；四是人民群众的

期盼更加迫切。河南省作为全国“大粮仓”和“大厨房”，土壤（农业农村、地下水）污染防治工作直接关系人民群众食品安全、居住环境安全和饮水安全，要切实增强责任意识、忧患意识，时刻绷紧土壤环境安全这根弦，未雨绸缪、防患未然、奋勇争先。

3.3.4 黄河流域生态保护和高质量发展工作存在的问题

目前，影响黄河水质稳定达标的不利因素还很多。一是滩区人口多，种植面积大。农业面源污染和生活污染客观存在，对沿线水质安全、生态环境保护带来一定影响。二是环境高风险产业较多。河南省黄河上游，特别是洛阳、三门峡等城市有色金属、煤化工、装备制造等重污染行业分布较为集中，涉重金属和危险废物企业、历史遗留尾矿库等较多，潜在的环境风险不容忽视。三是“垃圾河”问题比较常见。黄河沿线观光农业和休闲旅游日益增多，对沿线生态环境造成一定影响，加之日常管理跟不上，滩区和大堤沿线野炊痕迹、生活垃圾、建筑垃圾及农业废弃物乱堆乱放现象比较多见。四是水资源相对不足。河南省黄河流域人均水资源量仅有 200 m^3，不到全国平均水平的 1/10。黄河支流年径流量少，生态流量不能保障，尤其进入枯水期容易影响黄河水质稳定。

3.4 对策建议

3.4.1 坚定不移打好蓝天保卫战，持续改善全省环境空气质量

3.4.1.1 强力推进“四大结构”调整

“四大结构”调整缓慢是影响和制约河南省环境空气质量改善的根本原因，2020 年通过加大产业结构、能源结构、运输结构和用地结构调整力度，加快转变产业结构偏重、能源结构偏煤、运输结构偏重公路、用地结构扬尘突出的局面，真正从根本上解决影响河南省环境空气质量持续改善的瓶颈问题。在产业结构优化调整方面，积极推进城市建成区重污染工业企业搬迁改造、重点行业整合入园、落后产能淘汰和过剩产能压减，加快培育新兴产业和产业集群，不断优化产业结构。在能源结构优化调整方面，积极推进煤炭消费减量、清洁取暖，发展清洁能源和新能源等措施落实，持续减少燃煤污染排放。在运输结构优化调整方面，加快铁路专用线建设、多式联运示范工程和“公转铁”“公转水”，加大推广应用新能源汽车和淘汰老旧车辆力度，持续抓好农村及偏远地区加油站建设和打击取缔黑加油点工作，不断推进货物运输结构、车船结构和油品质量升级。在用地结构优化调整方面，集中抓好施工工地和道路扬尘综合治理、秸秆综合利用和禁烧、农业生产扬尘控制、露天矿山综合整治、城乡绿化等措施落实，切实解决扬尘污染

问题。

3.4.1.2 狠抓“四项治理”

“三散”污染治理、VOCs 污染治理、重点工业企业深度治理、柴油货车污染治理四个方面工作不到位，污染排放重是当前影响全省环境空气质量改善的重要因素和突出问题，2020年切实把“四项治理”任务抓实抓细抓出成效，持续减少污染排放。在“三散”污染治理方面，按照省政府关于开展“三散”污染治理的部署安排，持续抓好“散乱污”企业治理、散煤取暖改造、散尘精准管控，确保“散乱污”企业动态清零、全省冬季清洁取暖、“禁煤区”管控和散尘治理任务落实到位。在VOCs治理方面，通过对重点行业和区域推进源头替代，开展无组织排放收集控制，改进治污设施，提高VOCs治理能力和效率，不断解决 O_3 污染难题。在重点工业企业治理方面，编制印发河南省重点行业超低排放改造实施方案，对钢铁、水泥、焦化和氧化铝等重点行业进行有组织和无组织超低排放改造，提高重点行业污染治理能力和绿色发展水平。在柴油货车污染治理方面，健全部门联动机制，开展重型柴油货车和非道路移动机械污染治理，加强摸底调查、入户检查、路检路查、遥感监测，严厉查处超标排放行为，全面提高污染治理水平。

3.4.1.3 持续提升“两个能力”

监测监控能力和秋冬季污染管控能力是持续改善环境空气质量、圆满完成年度目标任务的重要保障，2020年把提升“两个能力”作为大气污染防治攻坚的关键环节和重要任务，持续抓好谋划部署和贯彻落实。在监测监控能力方面，不断完善环境监测监控点位和网络，加强监测监控专家队伍建设，积极开展源排放清单编制及源解析，积极推进科学治污、精准治污。在秋冬季污染管控能力方面，不断完善河南省重污染天气应急预案和应急减排清单，细化管控措施，推进电力监管，实施差异化管控，严禁“一刀切”，保障应急减排措施有效落实。

3.4.2 持续改善水环境质量，扎实推进碧水保卫战

3.4.2.1 持续推进生态环保“党政同责、一岗双责”责任落实

对重视不够、工作不力、水环境质量持续恶化或长期不能改善的，将视情况提请依法依规严肃追责、问责。

3.4.2.2 推动形成水污染防治攻坚强大合力

将推动把水污染防治攻坚同落实河湖长制、四水同治、百城提质、农村人居环境整治等工作有机结合起来，充分发挥各级各部门的力量，形成强大工作合力，打好黑臭水体治理、水源地保护、全域清洁河流、农业农村污染治理四个标志性攻坚战役，坚决打

赢水污染防治攻坚战。

3.4.2.3 重点治理不达标河流

对标国家和河南省水质标准，组织督促各地认真实施“一河一策”的水质限期达标规划或方案。对不达标地表水断面进行逐个督办、点穴式督导，尽快改善相关河流水质。

3.4.2.4 推动加快治污工程项目建设进度

将进一步加大调度督办力度，督促各地不断加大投入，加快治污工程项目建设。对黑臭水体、入河排污口等水污染治理和水生态保护修复工程项目，逐一销号。

3.4.2.5 谋划好 2020 年攻坚工作和“十四五”水生态环境保护工作

结合实际，确定 2020 年水污染防治攻坚目标、任务；重点谋划好黄河流域水污染防治工作。结合国家和河南省政策要求，统筹推进水资源、水环境、水生态综合治理，在国家大幅增加水质考核断面的情况下，确定好河南省水质断面和目标，谋划好工作任务，为“十四五”水生态环境保护工作打下坚实基础。

3.4.3 持续强化土壤污染源头治理，深化净土保卫战

一是突出抓好农用地安全利用。严防农用地利用环境风险，保障粮食安全。二是强化建设用地开发利用环境风险管控。依法严把污染地块再开发利用准入关，确保人居环境安全。三是打好农业农村污染治理攻坚战。因地制宜选择农村污水处理模式，高质量完成“十三五”农村环境整治目标任务。四是精准推进土壤污染源头管控。五是全面启动全省地下水污染防治工作。六是持续强化基础能力建设。七是抓好黄河流域生态保护和高质量发展国家战略有关土壤生态环境工作落实。

3.4.4 落实黄河流域生态保护和高质量发展

一是加强流域生态保护。严格落实“三线一单”管控要求，保护好自然保护区、湿地保护区等生态敏感区域，持续开展“绿盾”国家级自然保护区监督检查专项行动，促进流域生态系统健康。二是改善流域环境质量。对流域内工业源、农业源、生活源实施集中整治，特别是对一些污染较重的支流加大治理力度，保障黄河干流水质稳定达标。三是防范环境风险。加强对化工医药、有色加工、危险化学品、涉重金属、危险废物等重点企业和工业园区的风险评估，提高风险防控能力，完善突发环境事件应急应对，最大限度降低生态环境风险，维护生态系统安全。

3.4.5 加强环境基础设施建设与运行

3.4.5.1 加快完善城镇污水处理系统

以城镇新区、产业集聚区、城乡一体化示范区为重点加快污水管网建设，推进雨污分流改造。对现有城镇污水处理设施因地制宜实施提标改造，强化脱氮除磷设施同步提标改造，有条件的，配套建设湿地生态处理系统。到2020年，省辖市、县（市、区）污水处理率分别达到 95%、85%左右。大力推进城镇污水再生利用，加强城镇污水处理厂污泥处理处置，到2020年，省辖市城市再生水利用率达到30%以上，污泥无害化处置率达到90%以上。大力推进建制镇污水处理设施建设，到2020年，南水北调中线水源地丹江口库区汇水区及总干渠沿线建制镇、水源保护区的建制镇、全国重点镇和省界周边的建制镇要全部建成污水处理设施。整县推进农村污水处理统一规划、统一建设、统一管理，积极推动城镇污水处理设施和服务向农村延伸。

3.4.5.2 实现城镇垃圾处理全覆盖和处置设施稳定运行

加快县城垃圾处理设施建设，实现城镇垃圾处理设施全覆盖，加强垃圾处理设施改造，提高城市生活垃圾处理减量化、资源化和无害化水平。到2020年，设市城市、县城、建制镇生活垃圾无害化处理率分别达到 100%、90%、70%，90%以上村庄的生活垃圾得到有效治理。完善收集储运系统，设市城市全面推行密闭化收运，实现干、湿分类收集转运，乡镇垃圾收集转运设施实现全覆盖。加强垃圾渗滤液处理处置、焚烧飞灰处理处置、填埋场甲烷利用和恶臭处理，向社会公开垃圾处置设施污染物排放情况。以设市城市为重点，建设生活垃圾分类示范城市（区）、生活垃圾存量治理示范项目、餐厨垃圾处理设施。

3.4.5.3 加快能源清洁化利用基础设施建设

加快建设城市电动汽车充电设施。逐步扩大集中供热面积，到2020年，郑州、开封、安阳、鹤壁、新乡、焦作、濮阳7市城市建成区集中供热普及率提高到80%以上，其他省辖市城市建成区集中供热普及率达到 75%以上，其他具备集中供热条件的县级市和县集中供热普及率达到 50%左右。实施清洁能源替代工程，对暂不具备改用清洁燃料的地方加快散烧煤清洁化治理，建设洁净煤配送中心，建立以县（市、区）为单位的全密闭配煤中心以及覆盖所有乡镇、村的洁净煤供应网络，将优质低硫低灰散煤、洁净型煤在民用燃煤中的使用比例提高到80%以上。推进“气化河南”建设，到2020年，河南省城市、县城和建制镇燃气普及率分别达到97%、90%、80%以上。

3.4.5.4 推进海绵城市建设

转变城市规划建设理念，保护和恢复城市生态。老城区以问题为导向，以解决城市内涝、雨水收集利用、黑臭水体治理为突破口，推进区域整体治理，避免大拆大建。城市新区以目标为导向，优先保护生态环境，合理控制开发强度。综合采取“渗、滞、蓄、净、用、排”等措施，加强海绵型建筑与小区、海绵型道路与广场、海绵型公园和绿地、雨水调蓄与排水防涝设施等建设。大力推进城市排水防涝设施达标建设，加快改造和消除城市易涝点。到 2020 年，城市建成区 20%以上、县城 10%以上的面积达到海绵城市建设目标要求。

3.4.6 协同控制能源资源消耗

3.4.6.1 建立资源环境承载能力监测预警机制

加强资源环境承载能力监测预警，对接近或达到警戒线的地方实行限制性措施。合理设定资源能源消耗上线，实施水资源、建设用地、能源消耗总量和强度双控。依据城市、区域、流域资源环境承载能力，确定重点地区造纸、毛皮制革、印染等行业规模限值。各环境质量超标地方实施行业内新建项目重点污染物排放总量超量或倍量替代。电力、钢铁、水泥、平板玻璃等产能过剩行业实施产能减量置换。到 2020 年年底前，完成省、省辖市、县（市、区）资源环境承载能力现状评价，超过承载能力的地区要调整发展规划和产业结构。

3.4.6.2 控制煤炭消费总量

提高全社会能源使用效率，加强工业、建筑、交通运输、公共机构等领域能耗管控。到 2020 年，全省 50%的城镇新建建筑按二星级以上绿色建筑标准设计建造，完成县级以上公共机构建筑及主要耗能设施、能效不达标的在用燃煤锅炉节能改造。控制高硫高灰煤开发和销售，推进煤炭清洁化利用，煤炭入洗率提高到 80%。严格控制煤炭消费总量，到 2020 年，完成国家下达的煤炭消费总量控制目标任务。

3.4.6.3 推进节水减污

实施钢铁、电力、造纸、焦化、氮肥、农副产品加工、皮毛制革、印染、有色金属、原料药制造、电镀等行业取水量和污染物排放总量协同控制。电力、钢铁、印染纺织、造纸、石油石化、化工、食品发酵等高耗水行业达到先进定额标准。推广普及先进适用的节水工艺、技术和器具，推进节水型城市建设。大力推行规模化高效节水灌溉。到 2020 年，河南省年用水总量控制在 282.15 亿 m^3 以内，河南省万元国内生产总值用水量、万元工业增加值用水量比 2015 年分别下降 25%、25%以上，市级及以上缺水城市全部达到国家节水型城市标准要求。

3.4.6.4 严控生态用地占用

加强永久基本农田和生态保护红线的衔接协调，对划入生态保护红线的生态用地不得占用，其他用地类型除了必要的基础设施和居民生活外应逐步退出。严控新增建设用地加强城镇周边地区耕地、林地、湿地等保护推进城镇低效用地再开发和工矿废弃地复垦。到2020年，历史遗留矿山废弃地复垦面积达到7.7万亩[①]。合理降低耕地开发强度，控制非农建设对耕地的占用，严格控制农村集体建设用地规模，到2020年，河南省耕地保有量不低于12 035万亩。在地下水漏斗区、重金属污染区、生态严重退化区探索开展耕地轮作休耕试点。

① 1亩≈667 m^2。